Sneh Sharma
Bandna Dhiman
Vivek Sharma

FIDELIDADE GENÉTICA DE PLANTAS CULTIVADAS IN VITRO DE GLORIOSA SUPERBA L

Sneh Sharma
Bandna Dhiman
Vivek Sharma

FIDELIDADE GENÉTICA DE PLANTAS CULTIVADAS IN VITRO DE GLORIOSA SUPERBA L

ScienciaScripts

Imprint

Cover image: www.ingimage.com

This book is a translation from the original published under ISBN 978-620-8-01068-3.

Publisher:
Sciencia Scripts
is a trademark of
Dodo Books Indian Ocean Ltd. and OmniScriptum S.R.L publishing group

120 High Road, East Finchley, London, N2 9ED, United Kingdom
Str. Armeneasca 28/1, office 1, Chisinau MD-2012, Republic of Moldova, Europe
Managing Directors: Ieva Konstantinova, Victoria Ursu
info@omniscriptum.com

Printed at: see last page
ISBN: 978-620-8-37922-3

Conteúdo

CAPÍTULO 1 2

CAPÍTULO 2 (Revisão da literatura) 6

CAPÍTULO 3 (Metodologia) 16

CAPÍTULO 4 (RESULTADOS) 32

LITERATURA CITADA 59

CAPÍTULO 1

A vida de um homem sempre esteve intensamente ligada à natureza que o rodeia e as plantas afectam todos os aspectos da nossa vida. As plantas têm sido utilizadas pelos seres humanos como alimento, defesa, proteção, comida, fibra, medicina e decoração. Desde os tempos pré-históricos que os seres humanos utilizam compostos derivados de plantas para o tratamento de doenças. As plantas medicinais são uma das áreas de investigação mais sensíveis do mundo atual. As plantas medicinais oferecem remédios alternativos com enormes oportunidades que não só proporcionam acesso e medicamentos a preços acessíveis às pessoas pobres, mas também geram rendimentos, emprego e divisas para os países em desenvolvimento (Kumbhare *et al.*, 2012). As plantas produzem muitos metabolitos secundários que constituem uma fonte importante de microbiocidas, pesticidas e muitos outros fármacos importantes (Ibrahim, 1997).

Segundo a OMS, cerca de oitenta por cento dos indivíduos dos países em desenvolvimento dependem exclusiva ou maioritariamente da medicina tradicional, que contém compostos derivados de plantas medicinais (Gislene *et al.*, 2000). Com o aumento da procura de ervas em bruto e de produtos à base de plantas, a oferta aumentou com a colheita destrutiva, o que levou a que várias plantas ficassem ameaçadas e em perigo (CSMPB, 2006). O Himachal Pradesh alberga uma diversidade biológica rica e única e possui uma fonte rica de muitas plantas endémicas com propriedades medicinais. *A Gloriosa superba* L. é uma das sete Upavishas no sistema tradicional indiano de medicamentos (Singh *et al.*, 2013).

A Gloriosa superba L. também conhecida como Kalihari, Flame lily, Glory lily, Superb lily, Creeping lily e Tiger claw pertence à família Colchicaceae. O nome Gloriosa deriva da palavra latina "gloriosus", que significa bonito, e superba da palavra "superb", que significa esplêndido ou majestoso. Trata-se de uma erva trepadeira tuberosa perene, amplamente disseminada nas regiões subtropicais e tropicais da Índia. A amplitude latitudinal desta espécie situa-se acima de 1500-2530 m da superfície do nível do mar. Esta planta cresce em solo franco-arenoso, em florestas mistas de folha caduca, em posições soalheiras, e encontra-se geralmente nos sopés dos Himalaias, na Índia Central, Tamil Nadu, Andhra Pradesh e Bengala (Sivakumar e Krishnamurthy, 2002). Em Haryana, é raramente encontrada nas regiões de Kurukshetra, Pinjoor e Morni (Jain *et al.*, 2000). É uma planta medicinal rara e ameaçada de extinção em Karnataka, Kerala e Himachal Pradesh. Esta planta é utilizada pelo seu valor ornamental e as suas flores são utilizadas como flores de corte. A sua atraente flor vermelho-alaranjada com bordos ondulados (placa 1) é a flor nacional do Zimbabué e a flor estatal de Tamil Nadu. É também designada por "Mauve beauty" (beleza malva), "Purple prince" (príncipe púrpura) e "Orange glow" (brilho laranja) (Bose e Yadav, 1989).

Todas as partes desta planta são utilizadas para fins medicinais nos sistemas de medicina Siddha, Ayurveda e Yunani. *A Gloriosa superba* é utilizada para tratar várias doenças e é convencionalmente utilizada (Uchimahali *et al.*, 2019). Os medicamentos desta planta com metabolismo secundário principal, do tipo tropolona, estão presentes em alcalóides, sementes e tubérculos (Maroyi e Van der Maesen, 2011). O lírio-de-fogo exibe um amplo espetro de funções para se livrar da prisão de ventre, eficácia anti-inflamatória, antimicrobiana, teste larvânico, energia antibacteriana, energia antidepressiva, resistência enzimática, picada de serpente, doenças de pele e distúrbios respiratórios (Ade e Rai, 2009 e Hemaiswarya *et al.*, 2009).

Devido ao seu valor medicinal, estas plantas são colhidas na natureza e utilizadas como matéria-prima para a indústria medicinal em grande escala, o que conduz a uma sobre-exploração, sendo esta a principal razão para incluir esta espécie vegetal no Livro Vermelho de Dados. Além disso, a contaminação fúngica está também associada aos tubérculos, como a Curvularia lunata e a podridão dos tubérculos causada por espécies de Sclerotium (Mrudul *et al.*, 2001). Na natureza, a menor germinação das sementes e a sua fraca viabilidade são responsáveis pela diminuição do tamanho da população. A sua produção é sazonal e é suscetível a muitas pragas (Maiti *et al.*, 2007). O rácio de multiplicação de tubérculos é de 1:1 por ano, o que não fornece material de plantação suficiente. A propagação deficiente, associada à exploração excessiva pela população local e por empresas farmacêuticas, é o principal fator responsável pela sua extinção na natureza (Shivkumar e Krishnamurthy, 2000).

A micropropagação proporciona um meio alternativo e eficaz para a multiplicação rápida de espécies através da produção contínua num curto período de tempo para satisfazer a procura (Yadav e Singh, 2010, 2012). Foram feitos vários esforços para propagar a G. superba *in vitro* em vários meios de cultura, bem como utilizando diferentes estratégias de regeneração (Ghosh *et al.*, 2006, Hassan e Roy, 2005, Shivkumar e Krishnamurthy, 2000 e 2004, Yadav *et al.*, 2012).

Por outro lado, presume-se que a micropropagação provoca uma alteração na composição genética do tecido vegetal e pode conduzir a variações, sendo uma das principais preocupações da micropropagação o facto de se esperar que os regenerantes sejam homogéneos em relação à planta-mãe dadora. O protocolo de micropropagação é gravemente prejudicado devido à incidência de variações somaclonais (Kumar *et al.*, 2011). As variações somaclonais ocorrem sobretudo como resposta ao stress imposto às plantas em condições de cultura *in vitro* e manifestam-se sob a forma de metilações do ADN, rearranjos cromossómicos e mutações pontuais (Phillips *et al.*, 1994, Martin *et al.*, 2006). Outro aspeto da propagação de plantas que é imperativo para a sua utilização comercial é a fidelidade clonal das plantas regeneradas *in vitro*. A fidelidade genética pode ser utilizada para a manutenção da constituição genética de um determinado clone (Lattoo *et al.*, 2006).

A instabilidade genética tem sido observada em plantas derivadas de culturas de tecidos, apesar das várias vantagens da propagação *in vitro* (Larkin e Scowcroft, 1981). A estabilidade clonal pode ser avaliada através do estudo do número de cromossomas, do perfil de isoenzimas e de marcadores moleculares baseados em PCR, como o ADN polimórfico amplificado aleatoriamente (RAPD), as repetições de sequências inter-simples (ISSR) e, mais recentemente, o códão de arranque orientado (SCoT) (Devi *et al.*, 2013; Rathore *et al.*, 2014). De entre os vários marcadores moleculares utilizados para avaliar a fidelidade genética de plantas regeneradas *in vitro*, o RAPD é um dos métodos mais simples, rápidos e económicos (Lakshmanan *et al.*, 2007).

O uso de níveis sub e supra-ótimos de reguladores de crescimento por períodos infinitos dificulta a manutenção da fidelidade genética nos clones de cultura de tecidos (Martins *et al.*, 2004). Assim, para a análise da fidelidade genética de plantas cultivadas *in vitro,* as técnicas moleculares são uma ferramenta valiosa. As técnicas moleculares, ou seja, as técnicas de reação em cadeia da polimerase (PCR), os marcadores de ADN polimórfico amplificado aleatoriamente (RAPD) (Williams *et al.*, 1990) e os marcadores de repetições de sequências inter-simples (ISSR) (Zietjiewicz *et al.*, 1994), têm sido utilizadas para a deteção de variações em plantas cultivadas em tecidos, em comparação com os marcadores citológicos, morfológicos e proteicos, devido à sua simplicidade, rentabilidade, estabilidade, sensibilidade, elevada reprodutibilidade e fiabilidade (Ray *et al.*, 2006).

A utilização de dois tipos de marcadores foi aplicada com sucesso para amplificar diferentes regiões do genoma, permitindo uma melhor análise da estabilidade genética em plantas cultivadas *in vitro*, tais como Musa sp. (Venkatachalam *et al.*, 2007); Amorphophallus albus (Hu *et al.*, 2008); Saussurea involucrate (Yuan *et al.*, 2009); Bacopa monnieri (Antony *et al.*, 2010); Pogostemon cablin (Paul *et al.*, 2010); Sapindus trifoliatus (Asthana *et al.*, 2011); Citrus jambhiri (Savita *et al.*, 2012); Malus domestica (Pathak e Dhawan, 2012).

Desde há muito tempo que as plantas medicinais ou os seus metabolitos secundários têm sido direta ou indiretamente utilizados para curar doenças e, recentemente, têm-se tornado de grande interesse devido às suas aplicações versáteis (Wink *et al.*, 2005). As plantas medicinais são conhecidas por serem o mais rico recurso biológico de fármacos do sistema tradicional de medicamentos, medicamentos modernos, suplementos alimentares, nutracêuticos, intermediários farmacêuticos e entidades químicas ou fármacos sintéticos (Tiwari *et al.*, 2011).

A Gloriosa superba é uma planta bem conhecida na Ayurveda indiana e nas indústrias farmacológicas (Asolkar *et al.*, 1992) devido à presença de alcalóides tóxicos como a colchicina e os seus derivados como a gloriosina e o colchicocida, juntamente com ácido benzónico, ácido salicílico, esteróis, taninos, superbina, hidratos de carbono, alcalóides, flavonóides, saponinas, esteróides, taninos, fenólicos, glicosídeos, terpenóides e substâncias resinosas. A colchicina é principalmente isolada de sementes e rizomas e é utilizada na investigação citológica e de melhoramento vegetal para a duplicação de cromossomas e outros estudos (Rehana e Nagarajan, 2012). Sendo rica em vários compostos biologicamente activos, esta espécie vegetal pode servir como fonte potencial de medicamentos que podem ser utilizados como fonte complementar de medicamentos tradicionais.

Desde a antiguidade que as plantas e os seres humanos têm relações biológicas íntimas e evoluíram em linhas paralelas; para cooperar e depender uns dos outros para a existência na terra. Cada planta tem o seu próprio valor medicinal. Desde tempos antigos que as plantas medicinais têm sido utilizadas como fontes valiosas de medicamentos poderosos para tratar doenças em todo o mundo. *A Gloriosa superbais* é uma trepadeira herbácea semi-lenhosa que atinge aproximadamente 5 metros de altura, com flores amarelas e vermelhas de bordos ondulados brilhantes. De um a quatro caules nascem tubérculos cilíndricos frescos em forma de V.

O objetivo da presente investigação é desenvolver um protocolo de regeneração *in vitro* eficiente para *Gloriosa superba, utilizando* tubérculos como explantes. Outro aspeto do estudo é verificar a fidelidade genética da planta-mãe e das plantas cultivadas *in vitro* e estudar a estimativa fitoquímica da planta-mãe e das plantas cultivadas *in vitro* de *Gloriosa superba.*

Assim, é muito importante rever a literatura relevante sobre as espécies visadas e outras espécies relacionadas. A literatura é analisada nos seguintes pontos:

CAPÍTULO 2 (Revisão da literatura)

Estudos de regeneração *in vitro*

Estudos sobre a fidelidade genética de plantas cultivadas *in vitro* Estudos sobre a estimativa fitoquímica

Estudos de regeneração *in vitro*:

Gloriosa superbais é uma trepadeira medicinal, as suas sementes e tubérculos contêm muitos metabolitos secundários valiosos, que são usados para tratar muitas doenças (Kala *et al.* 2004; Haroon *et al.*, 2008; Chitra e Rajaman, 2010).

A Gloriosa superbais é uma cultura medicinal industrialmente importante da Índia, devido ao elevado teor de colchicinas. Propaga-se principalmente por via vegetativa, mas a taxa de propagação é muito baixa, produzindo-se apenas dois tubérculos por ano (Krause, 1986). As propriedades medicinais desta planta levaram à sua sobre-exploração e o seu cultivo inadequado provocou o esgotamento dos seus recursos selvagens. Por conseguinte, existe uma necessidade urgente de conservar a planta através de intervenções biotecnológicas como a cultura de tecidos vegetais (Rajgopalan e Khader, 1994; Bhagat, 2011).

Schwann e Schleiden desenvolveram um conceito de totipotência em 1883, altura em que começou a história da cultura de tecidos vegetais. Haberlandt (1902) tentou cultivar tecido vegetal utilizando meios estéreis, mas a sua experiência falhou (Gautheret *et al.,* 1983). Em 1962, Murashige e Skoog modificaram os meios para a cultura de calos de tabaco. O meio de Murashige e Skoog (MS) contém macro e micro nutrientes que são essenciais para a propagação *in vitro* de plantas.

A micropropagação *in vitro* de *Gloriosa* foi descrita por muitos cientistas utilizando diferentes explantes (Samarjeeva *et al.,* 1993) como gema apical e segmentos de nó da ponta de rebento; (Custers e Bergervoet, 1994) de estacas de rebento e nós, entrenós; (Sivakumar e Krishnamurthy, 2002, 2004) estudaram a indução de embrióides a partir de tecido foliar (Hassan e Roy, 2005) a partir de gemas apicais e axilares. Foram relatadas técnicas *in vitro* bem sucedidas para a micropropagação de *Gloriosa superbah* usando pontas de rebentos, botões axilares, botões oculares de cormos, primórdios de raiz e mesmo cultivando embriões (Hassan e Roy, 2005; Somaini *et al.*, 1989; Samerajeewa, 1993; Custers e Bergervoet, 1994).

Em 1989, Finnie e Van Staden relataram o seu trabalho sobre a propagação *in vitro* de *Sandersonia* e *Gloriosa.* A micropropagação de Niyangala (*Gloriosa superbaL.*) também foi comunicada por Samarajeewa e seus colaboradores em 1993 e por Sivakumar e Krishnamurthy em 2000. Em 1994, Finnie e Van Staden também comunicaram os seus trabalhos sobre micropropagação e produção *in vitro* de colchicina. Em 1989, Somani e os seus colaboradores relataram a propagação *in vitro* e a formação de rebentos em *G. superba.* Os rebentos frescos foram excisados de cormos de *G. superba* e os propágulos dissecados com rebentos e raízes primordiais foram colocados em meio MS basal.

Sivakumar *et al.,* (2003a) realizaram a produção *in vitro* de milho em *G. superba* L. e trabalharam na embriogénese e regeneração de plantas a partir de tecido foliar e na produção de colchicina em calos de *G. superba* L. através da alimentação de precursores. Sivakumar e Krishnamurthy (2004) relataram respostas de organogénese *in vitro* de *G. superba* L. Hassan e Roy (2005) trabalharam na micropropagação de *G. superba* L. com alta frequência de proliferação de rebentos. Thiyagarajan e Venkatachalam (2010) estudaram a multiplicação clonal rápida através da proliferação *in vitro* de rebentos axilares de lírio-da-Glória (*G. superba* L.).

Ade e Rai (2011) relataram a formação de múltiplos rebentos em *G. superba* L. Rishi (2011) estudou a indução de calos *in vitro* e a regeneração de plantas saudáveis de *G. superba* L. Venkatachalam *et al.*, (2012) relataram técnicas de multiplicação de rebentos *in vitro* para *G. superba*
L. Samarjeeva *et al.*, (1993) estudaram a propagação clonal de *G. superba* a partir de gema apical e segmento de nó da ponta do rebento, cultivado em ágar solidificado (0,8% p/v) meio B5 de Gamborg contendo BA, IAA, Kin, NAA, IBA ou 2,4-D. Chatterjee e Ghosh (2015) estudaram a propagação *in vitro* de *Gloriosa superbaL.* usando tubérculos, cultivados em meio MS com sacarose (3%) e ágar (0,8%) suplementado com BAP, Kin, 2ip, NAA, IBA e IAA.

Thakur *et al.*, (2016) estudaram a micropropagação em *Pittosporium eriocarpum* Royle, uma planta medicinal endémica e ameaçada de extinção, utilizando regiões nodais cultivadas em meios MS contendo ágar solidificado (0,8%) e sacarose (2%) suplementados com diferentes reguladores de crescimento (BAP, NAA, IBA).

Rohela *et al.*, (2019) relataram a regeneração indireta em *Rauwolfia teteraphylla* usando explantes de folha, caule (internodal) e raiz, cultivados em meio MS preparado usando sacarose (3%) e ágar (0,8%) suplementado com 2,4-D, BAP, Kin, IAA, IBA, NAA ou TDZ. **Esterilização da superfície:** A esterilização de superfície usando cloreto de mercúrio a 0,1% durante 5 a 10 min foi considerada a melhor para produzir culturas livres de contaminação, conforme relatado por Sivakumar e Krishnamurthy, 2000; Hassan e Roy, 2005. Khandel *et al.*, 2011 relataram um protocolo para esterilização de superfície para explantes de *Gloriosa superbaem* que as plantas jovens em crescimento ativo de *Gloriosa superbaforam* lavadas cuidadosamente sob água corrente da torneira durante 15 min para remover toda a sujidade e partículas de solo. Os explantes (rebentos apicais e meristemas) foram cortados e reduzidos a um comprimento de 2 cm utilizando uma lâmina cirúrgica e foram imersos em água com 1% de fungicida (Bavistin) durante uma hora, seguida de três lavagens em água destilada. Depois disso, os explantes foram mantidos imersos em água destilada com algumas gotas de labolene, durante dez minutos. Em seguida, foram enxaguados cinco vezes em água destilada para remover vestígios de labolene. Outros procedimentos de esterilização foram efectuados em condições asépticas (fluxo de ar laminar), em que os explantes foram esterilizados à superfície através de uma única imersão em 70% (v/v) durante 30 segundos, seguida de três lavagens em água destilada estéril. Posteriormente, os explantes foram submetidos a tratamentos com cloreto de mercúrio (0,10%) durante 3 minutos, seguidos de quatro lavagens em água destilada estéril.

Ade e Rai (2011) investigaram que os explantes grandes foram cortados em pedaços de 1 a 2 cm com um bisturi e depois foram lavados em água corrente da torneira 3 a 4 vezes e enxaguados em água destilada dupla 4 a 5 vezes em fluxo de ar laminar. Os explantes foram depois esterilizados à superfície com cloreto de mercúrio ($HgCl_2$) a 0,2% durante 3 minutos para explantes delicados (base da folha e gomos axilares) durante 3 minutos e cloreto de mercúrio a 1% ($HgCl_2$) para tubérculos e sementes durante 3-4 minutos e depois enxaguados em água destilada dupla esterilizada 4 a 5 vezes. A lavagem dos explantes em água corrente da torneira pré-embebida em detergente líquido a 0,1% durante cerca de 30 minutos e a esterilização superficial com cloreto de mercúrio a 0,1% (p/v) durante 3 minutos, seguida de dois a três enxaguamentos em água destilada estéril, foi considerada o melhor método para culturas isentas de contaminação (Rishi, 2011).

Venkatachalam *et al.,* (2012) sugeriram que a lavagem cuidadosa dos explantes em água corrente da torneira com 5,0 % de Tween 20 durante 1 hora, seguida de imersão com 0,1% de Bavistin durante 30 minutos e depois mergulhados em etanol a 70% durante 1 minuto e, em seguida, esterilização da superfície com 0,1% de cloreto de mercúrio durante 10 minutos, seguida de cinco lavagens com água destilada estéril, produziu culturas de *Gloriosa superba* isentas de contaminação. Arumugam e Gopinath *et al.,* (2012) relataram a esterilização de superfície de sementes de *G. superba* lavadas em água corrente da torneira com 1% de Tween 20 durante 5 min e depois esterilizadas em etanol a 70% durante 1 min e cloreto de mercúrio a 0,01% durante 2 min.

Singh *et al.*, (2015) estudaram o efeito de reguladores de crescimento na micropropagação de *Gloriosa superbaL.* a partir de sementes, relataram que os explantes foram primeiro lavados com Tween 20 por 10 min e depois com água destilada. Em seguida, os explantes foram mergulhados em etanol a 70% durante 30 segundos e esterilizados à superfície com cloreto de mercúrio a 0,1% ($HgCl_2$) durante 5 minutos e depois enxaguados com água destilada. Para remover o efeito dos fungos endofíticos, utilizou-se uma solução a 1% do agente antifúngico Bavistine durante 2 minutos.

Yadav *et al.*, (2015) estudaram a micropropagação de *Gloriosa superbaL.* e relataram que a esterilização da superfície com uma solução de hipoclorito de sódio (NaOCl) a 0,5-1,0% durante 5-10 min, seguida de um mergulho em etanol (70%), era a melhor forma de obter culturas livres de contaminação. Kumar *et al.*, (2015) sugeriram que os explantes fossem lavados cuidadosamente em água corrente da torneira e depois tratados com fungicida durante 20 minutos e, em seguida, os explantes foram esterilizados à superfície utilizando etanol a 70% durante alguns segundos e depois com cloreto de mercúrio aquoso (0,2%) durante 10 minutos, seguido de enxaguamento 4 vezes em água destilada estéril.

Mahajan *et al.*, (2016) relataram que os explantes, quando esterilizados superficialmente com etanol a 70% durante 60 segundos, seguido de cloreto de mercúrio a 0,2% ($HgCl_2$) durante 3-4 min, proporcionaram culturas livres de contaminação. Finnie e Van Staden (1989) relataram o uso de 1,5% de NaOCl com Tween 20 por 20 minutos, seguido de lavagem com água destilada e 0,1% de $HgCl_2$ para esterilização de explantes e depois enxaguar duas vezes com água destilada. Kahate (2017) relatou que os explantes foram esterilizados superficialmente com etanol 70% por 30 segundos e depois com cloreto de mercúrio 0,1% por 8 min.

Akter *et al.*, (2014) relataram que a esterilização da superfície com uma solução aquosa de cloreto de mercúrio a 0,1% com duas gotas de Tween-20 durante 6 minutos em condições assépticas e enxaguada cinco vezes com água destilada autoclavada é a melhor forma de obter culturas livres de contaminação. Chatterjee e Ghosh (2015a) relataram a esterilização superficial de explantes de tubérculos. Os tubérculos foram cortados em fatias redondas, cada uma delas com gemas axilares, cuidadosamente lavadas em água corrente da torneira durante 15 minutos e, em seguida, esterilizadas à superfície com uma solução de Bavistin a 2% p/v durante 20 minutos, seguida de uma solução de Tween-20 a 5% v/v durante 10 minutos e, em seguida, os explantes foram cuidadosamente lavados com água fresca para remover o detergente. Finalmente, os explantes foram esterilizados à superfície com uma solução de cloreto de mercúrio a 0,1% p/v recentemente preparada durante 15 minutos, enxaguados em água destilada esterilizada durante 3 vezes para remover vestígios de HgCl2 em condições estéreis.

Da mesma forma, Rohela *et al.*, (2019) relataram que explantes foliares tratados com solução de Tween-20 por 1 min, seguido de etanol 60% por 2 min e em solução de cloreto de mercúrio 0,1% (HgCl2) por 2 min produziram culturas livres de contaminação em que o caule e a raiz foram tratados inicialmente com bavistina 0,5% por 10 min, seguido de solução de Tween-20 por 2 min e com solução de cloreto de mercúrio 0,1% por 4 min.

Regeneração de disparos:

Hassan e Roy, 2005, relataram que 92% das culturas de gemas apicais e axilares de brotos jovens de plantas *de G. superba* cultivadas naturalmente regeneraram brotos encontrados por cultura em MS + 1.5mg/l BAP + 0.5mg/l NAA. Ade e Rai (2011) observaram que o meio MS suplementado com BAP (13.30 (µM/L) e 2,4-D (4.52 (µM/L) deu o maior número de rebentos múltiplos. Clusters e Bergervoet (1994) estudaram que o meio MS suplementado com 3% de sacarose + BA (10mg/l) revelou-se eficaz para a proliferação de rebentos múltiplos de explantes de nós, entrenós, folhas e tubérculos.

Rishi (2011) estudou a formação de calos em diferentes explantes. Ele observou que a formação de calos foi iniciada dentro de quatro a cinco semanas após a cultura em meio basal suplementado com várias concentrações de auxina e citocininas. Os melhores resultados foram obtidos com a concentração de NAA 2 ppm + 0,5 ppm de cinetina em todos os explantes cultivados. Khandel *et al.*, (2011) investigaram que o BAP sozinho ou em combinação com NAA foi mais eficaz para a formação de rebentos do que a cinetina sozinha ou em combinação com BAP. Foi observado um grau mais elevado de iniciação de rebentos (88±2%) quando os explantes foram cultivados em MS com 2,0 mg/l BAP + 0,5 mg/l NAA. Venkatachalam *et al.,* (2012) relataram a maior frequência (87%) de proliferação de rebentos em

Meio MS suplementado com BAP (2,0 mg/l) em combinação com Kin (0,5 mg/l), 3% de sacarose e 0,7% de ágar. Arumugam e Gopinath (2012) relataram que 93,20± 2,39% da formação de rebentos esverdeados foi obtida quando calos de rebentos de cormo com 30 dias de idade foram transferidos para o meio MS de meia força suplementado com BAP (2,0 mg/l). Akter *et al.*, (2014) relataram que para a multiplicação de rebentos em meio MS suplementado com BAP (1,5mg/l) + NAA (0,5mg/l) foi considerado o melhor.

Yadav *et al.*, (2013) relataram a maior frequência de regeneração de rebentos em meio de multiplicação suplementado com BAP (2,0mg/l) + NAA (0,5mg/l), 3% de sacarose e 0,4% de ágar. Yadav *et al.*, (2015) relataram que explantes esterilizados de superfície inoculados em meio MS aumentado com 3,0% de sacarose + 0,8% de ágar e BAP (0,5-2,0mg/l) ou cinetina individualmente ou em combinação com 0,5mg/l de NAA foram usados para iniciação de cultura. Relataram que a indução máxima de rebentos e o brotamento de rebentos foram observados em meios MS suplementados com 2,0mg/l BAP + 0,5mg/l NAA.

Kumar *et al.*, (2015) observaram que os explantes de ponta de rebento exibiram uma resposta de 70% de rebentação em meio MS basal e 90% de rebentação e alongamento de rebentos na presença de 2,22 µM BA em meio MS a partir de explantes de ponta de rebento apical. Mahajan *et al.*, (2016) relataram que calos brancos cremosos, friáveis, grandes em tamanho e com boa taxa de crescimento foram observados em meio MS suplementado com 3,0mg/l 2,4-D e a melhor multiplicação de rebentos foi observada em meio MS suplementado com 2,0mg/l BAP, 1,0mg/l Kin e 1,0mg/l GA3. Singh *et al.*, (2015) relataram que o maior número de germinação de sementes foi observado no meio MS quando suplementado com 0,5mg/l BAP com 0,5 GA3 e 1,5mg/l BAP com 0,5 GA3. O número máximo de rebentos foi observado quando o meio MS foi suplementado com 1.5mg/l BAP + 0.5mg/l IAA + 0.5 mg/l Kinetin (Kin). Chatterjee e Ghosh (2015a) relataram que o máximo de brotos se desenvolveu a partir de explantes de tubérculos quando cultivados em meio MS suplementado com diferentes combinações e concentrações de BAP, Kin, 2iP sozinho e combinado com NAA. A regeneração máxima de rebentos foi observada em meio MS suplementado apenas com BAP 5,0 mg/l.

Kahate (2017) observou que o meio MS suplementado com BAP 4mg/l + NAA 2,5mg/l apresentou o número máximo de rebentos. Rohela *et al.*, (2019) observaram que o meio MS suplementado com TDZ 0,25mg/l + BAP 2,0 mg/l mostrou uma boa regeneração de rebentos com o máximo de botões de rebentos. Isah (2019) relatou a morfogénese de novos rebentos *in vitro* a partir de culturas de calos induzidas por pontas de rebentos de *Gymnema sylvestre*. Eles testaram três reguladores de crescimento (BAP, TDZ e Kin), desses três, 2,0 mg / l BAP deu a melhor eficiência de formação de brotos seguida por TDZ e menos com a Kinetin.

Enraizamento e endurecimento:

Yadav *et al.*, (2015) relataram que o meio MS de meia força suplementado com 3% de sacarose e 2,0mg/l IBA + 0,5mg/l NAA deu o melhor sistema de enraizamento desenvolvido. Nos seus estudos, observaram 93% de sobrevivência de plântulas de *Gloriosa superbaon* em meios de endurecimento contendo areia: solo: vermicomposto (1:2:1) e 86% em areia: solo: F.Y.M. (1:2:1). Venkatachalam *et al.*, (2012) relataram que os rebentos regenerados foram cultivados em meio MS de meia força suplementado com diferentes concentrações de IBA e NAA para indução de raízes. Destas diferentes concentrações, a indução de raízes foi observada a 1,0 mg/l de IBA. Arumugam *et al.*, (2012) relataram que os explantes de rebentos se regeneraram altamente até 96,20± 2,59 % da formação de raízes obtida na concentração de MS+ BAP (8,0mg/l)+ GA3 (1,0mg/l)+ Zen (0,5mg/l)+ NAA(1,0)+ 2g de carvão ativado.

Akter *et al.*, (2014) relataram que, para o enraizamento, o melhor resultado foi obtido em meio MS de meia força suplementado com IBA (1,0 mg/l) + NAA (0,5mg/l). Nesta combinação, observaram que 80% dos rebentos enraizavam-se no prazo de quatro semanas de cultura. Singh *et al.*, (2015) relataram que o valor máximo para a resposta ao enraizamento foi observado em meio MS suplementado com

1,5mg/l IBA + 0,5mg/l NAA e a melhor resposta para o endurecimento foi obtida com uma mistura contendo areia + turfa + solo (1:1:1) a um nível de humidade de 95%. Mahajan *et al.*, (2016) relataram que a iniciação e o alongamento de raízes saudáveis foram observados em *G. superba* após a subcultura de brotos únicos alongados em meio MS fortificado com diferentes concentrações de IBA. O meio MS suplementado com 2,0mg/l de IBA mostrou 84,50% de crescimento radicular.

Panwar *et al.*, (2012) relataram que a inoculação de brotos em meio MS de um quarto de força suplementado com diferentes concentrações de auxinas (IBA, NAA, IAA) produziu raízes adventícias dentro de duas semanas de transferência em *Pittosporium ariocarpum.* Entre as diferentes auxinas, o IBA foi considerado mais potente na indução de raízes, seguido do IAA e do NAA.

Chatterjee e Ghosh (2015a) relataram a indução de raízes em brotos alongados em meio MS suplementado com diferentes auxinas (IBA, NAA) em diferentes concentrações. Entre as diferentes auxinas com diferentes concentrações, verificou-se que 0,5 mg/l de IBA era a mais eficaz. As plântulas enraizadas com sucesso foram então transferidas para pequenos vasos de terra contendo soilrite e cobertos com sacos de polietileno transparentes para endurecimento.

Thakur *et al.*, (2016) relataram que os rebentos *in vitro* apresentaram indução máxima de raízes em meio MS suplementado com IBA (0,6 mg/l). Lien *et al.*, (2018) relataram que os rebentos enraizavam bem em meio MS de meia força suplementado com IAA. Relataram ainda que cerca de 90% dos rebentos regenerados em meio MS suplementado apenas com IAA a 1,0 mg/l formaram uma média de 2,2 raízes por explante. Isah em 2019 relatou a formação de raízes finas e saudáveis em meio MS de meia força adicionado com 1,0 mg/l IBA em *Gymnema sylvestre.*

Estudos sobre a fidelidade genética de plantas cultivadas *in vitro*:

Sathyanarayana *et al.*, (2008) utilizaram a análise RAPD para avaliar a integridade genética de clones de culturas de tecidos. Utilizaram 14 iniciadores RAPD para comparar a planta-mãe e 10 micropropágulos selecionados aleatoriamente obtidos a partir de explantes de gemas auxiliares. Todos os primers testados produziram um padrão monomórfico em todos os rebentos, confirmando a uniformidade genética das plantas micropropagadas.

Singh *et al.*, (2013) referiram a utilização de marcadores baseados em PCR, uma vez que surgiram como ferramentas simples, rápidas, fiáveis e eficazes em termos de mão de obra para testar a fidelidade genética de plântulas cultivadas *in vitro*. Yadav *et al.*, (2013) relataram o uso de marcadores genéticos para estabelecer a fidelidade genética de *G. superba* micropropagada usando marcadores RAPD e ISSR. Selecionaram um total de 80 primers (50 RAPD e 30 ISSR), dos quais 10 primers RAPD e 7 ISSR produziram um total de 98 amplicons (49 RAPD e 49 ISSR) claros, distintos e reprodutíveis.

Bhattacharayya *et al.*, (2014) estudaram a estabilidade genética nas plantas micropropagadas de *Dendrobium nobile* utilizando marcadores RAPD e SCoT. Selecionaram um total de 80 primers RAPD, dos quais 7 primers resultaram em bandas claras, uniformes e marcáveis. Utilizando SCoT, foi selecionado um total de 35 primers, entre os quais 15 primers resultaram em bandas nítidas e marcáveis. Saha *et al.*, (2014) estudaram a fidelidade genética de 40 plantas *in vitro* de *Ocimum basilicum* L. derivadas de explantes nodais. Selecionaram 56 primers RAPD e 17 primers ISSR, dos quais 31 primers RAPD e 11 primers ISSR produziram bandas claras, reprodutíveis e identificáveis. Os iniciadores RAPD produziram 92 loci distintos e o número de loci identificáveis para os iniciadores ISSR variou de três a oito.

Upadhyay *et al.*, (2014) estudaram a fidelidade genética de plantas micropropagadas de *Phyallanthus fraternus* utilizando marcadores RAPD. Selecionaram um total de 20 iniciadores, dos quais 12 produziram bandas claras e reproduzíveis. Todos os iniciadores produziram um total de 45 bandas. Thakur *et al.*, (2016) revelaram a homogeneidade genética utilizando marcadores SCoT, ISSR e RAPD em *Pittosporum eriocarpum*. Selecionaram 15 primers ISSR, dos quais 10 primers produziram bandas reprodutíveis. 10 SCoT produziram um total de 47 bandas reprodutíveis e identificáveis. Dos 15 iniciadores de decâmeros RAPD, apenas 10 iniciadores apresentaram bandas claras e reprodutíveis.

Badar *et al.*, (2017) relataram a fidelidade genética do tipo selvagem e de plantas de Aloe Vera regeneradas *in vitro* usando marcadores moleculares RAPD e ISSR. Selecionaram 8 primers RAPD e 4 primers ISSR. As plantas cultivadas in vitro produziram 32 bandas e os primers ISSR produziram um total de 18 bandas. Jasmine e Balakrishnan (2018) relataram a análise intraespecífica de *Gloriosa* superbathrough ISSR finger printing e sequenciamento de DNA de ecótipos coletados de diferentes acessos do estado de Tamil Nadu, na Índia. Selecionaram um total de 20 primers, dos quais 12 primers produzem bandas reprodutíveis.

Lien *et al.*, (2018) estudaram a integridade genética em plantas micropropagadas de *Gymnema sylvestre* usando marcadores RAPD, dos 20 primers rastreados apenas 10 produziram bandas escorregadias que eram monomórficas e semelhantes à planta-mãe. A utilização de marcadores ISSR, RAPD e SCoT também foi registada em *Rauwolfia tetraphylla* L. Foram analisados um total de 30 iniciadores (10 ISSR, 10 RAPD e 10 SCoT). Entre os 10 iniciadores SCoT, três iniciadores produziram o maior número de bandas (4 bandas). Um iniciador ISSR deu uma boa amplificação e produziu 6 bandas de ADN que eram claras, distintas e identificáveis. Com 10 primers RAPD, foi produzido um número total de 42 bandas, sendo 4 o número médio (Rohela *et al.*, 2019).

Cui *et al.*, (2019) estudaram a uniformidade genética através de marcadores de DNA em plantas micropropagadas de *Mangolia sirindhorniae*, que é uma espécie de árvore ornamental ameaçada de extinção. Eles usaram um total de 18 primers RAPD, produzindo 152 bandas claras e marcáveis, e 3 primers ISSR, produzindo 22 bandas claras e marcáveis. Yadav *et al.*, (2019) estudaram a fidelidade genética utilizando marcadores RAPD e ISSR de Chia (*Salvia hispanica* L.). Eles analisaram 30 primers RAPD e 10 ISSR. Dos quais 12 primers RAPD produziram bandas distintas, claras e reprodutíveis, por outro lado, dos 10 primers ISSR, apenas 5 primers produziram bandas claras e reprodutíveis.

Estudos de estimativa fitoquímica:

Clewer *et al.*, (1915) registaram os constituintes da *Gloriosa superbaL.* Singleton e Rossi (1965) registaram a estimativa do teor de fenólicos totais utilizando o método de Folin-Ciocalteu. Chang *et al.*, (2002) registaram o teor total de flavonóides utilizando o método colorimétrico de cloreto de alumínio. Singleton *et al.*, (1999) referiram que o teor de taninos totais foi medido utilizando o método Folin-Dennis. Sreevidya e Mehrotra (2003) referiram a estimativa do teor de alcalóides totais utilizando o método dos alcalóides de Dragendroff. Alali *et al.*, (2004) apresentaram um protocolo para a análise de colchicinas de microtubos desenvolvidos *in vitro* utilizando HPLC. Fransworth (1966) comunicou a estimativa de alcalóides utilizando o teste de Mayer. Malick e Singh (1980) descreveram o procedimento para a estimativa de fenóis.

Khan *et al.*, (2008) relataram as actividades antimicrobianas dos *extractos de Gloriosa superbae.* Analisaram o extrato de metanol dos rizomas e as suas fracções subsequentes em diferentes sistemas de solventes. Observaram que a excelente sensibilidade antifúngica foi expressa pela fração de n-butanol contra *Candida albicans* e *Candida glaberata.* No bioensaio antibacteriano, o extrato bruto mostrou actividades antibacterianas ligeiras a moderadas.

Senthilkumar (2013) relatou um rastreio fitoquímico para aceder à composição química qualitativa de diferentes amostras de extractos brutos utilizando reacções de precipitação e coloração comummente empregues para identificar os principais metabolitos secundários como alcalóides, flavonóides, glicosídeos, proteínas, compostos fenólicos, saponinas, amido, esteróides, taninos e terpenóides.

Megala e Elango (2012) estudaram a análise de compostos bioactivos de tubérculos e sementes de *Gloriosa* superbausing GC-MS method. Estudaram o rastreio preliminar da presença de metabolitos secundários, tais como alcalóides, glicosídeos, terpenóides, taninos, flavonóides, saponinas, esteróides e fenóis. Dadsena *et al.*, (2013) estudaram a análise fitoquímica de três plantas ameaçadas de extinção (*Costus specious*, *Gloriosa superbaLinn* e *Rauwolfia serpentine* (Linn) Benth) do distrito de Kanker de Chattisgarh, Índia.

Jagtap e Satpute (2014) relataram o rastreio fitoquímico, a análise antioxidante, antimicrobiana e de flavonóides de *Gloriosa superbaL.* a partir do extrato de rizoma. Shardha e Annapoorani (2012, 2013) estudaram os diferentes constituintes fitoquímicos e a atividade antioxidante do extrato metanólico de sementes, tubérculos e folhas de *Gloriosa superbaL.* Moteriya *et al.*, (2014) relataram o potencial antioxidante e antibacteriano *in vitro* de diferentes extractos de solvente da folha e do caule de *Gloriosa superbaL.*

Bhattacharya *et al.*, (2014) estudaram a análise fitoquímica das plantas regeneradas *in vitro* de *Dendrobium nobile*. Observaram variações nos teores totais de fenólicos e flavonóides de diferentes partes, como o caule e a folha da planta-mãe e das plantas micropropagadas. Referiram que as plantas cultivadas *in vitro* possuem os teores mais elevados de fenólicos, flavonóides e taninos em comparação com a planta-mãe.

Bag *et al.*, (2015) relataram a avaliação do teor total de flavonóides e da atividade antioxidante do extrato metanólico de rizomas de três espécies de *Hedychium* (*H. spicatum, H. coronarium e H. rubrum*) do vale de Manipur, tendo observado que, entre as três espécies, o extrato metanólico de rizomas de *H. rubrum* tem o teor total de flavonóides mais elevado. Ashokkumar (2015) relatou as várias propriedades fitoquímicas (alcalóides, flavonóides, glicosídeos, saponinas, fenóis, esteróides, taninos, etc.) e farmacológicas (antimicrobianas, anticancerígenas, antibacterianas, antifúngicas, antioxidantes, anticoagulantes, etc.) de diferentes partes (caule, folhas, sementes e tubérculos) de *Gloriosa superbaL.*

Rathod (2016) relatou os estudos fitoquímicos de extractos *in vivo* e *in vitro* de *Gloriosa superbaL.* Utilizaram extractos metanólicos e aquosos de amostras de plantas *in vivo* (sementes, folhas, tubérculos) e *in vitro* (rebentos e tubérculos) para o rastreio fitoquímico. Os resultados revelaram que ambos os extractos contêm quase todos os tipos de fitoquímicos como alcalóides, glicosídeos, esteróides e taninos. Foram observados melhores resultados nos extractos metanólicos das amostras de plantas *in vitro* do que nas outras amostras em meio aquoso.

Ragupathi (2016) relatou o rastreio de vários fitoquímicos em *Gloriosa superbaf de* diferentes posições geográficas do sul da Índia. Estudou o rastreio de alcaloides, flavanoides, esteroides, taninos, terpenoides e fenóis. Parray *et al.*, (2018) revelaram a manipulação de reguladores de crescimento de plantas em constituintes fitoquímicos. Observaram que as plantas cultivadas *in vitro* têm um teor mais elevado de alguns compostos essenciais, como fenóis, alcalóides e flavonóides. Singh *et al.*, (2019) relataram a avaliação fitoquímica de *Aconitum ferox*. Eles analisaram o conteúdo fenólico e flavanóide total de plantas selvagens e cultivadas *in vitro*. Eles observaram que as raízes das plantas selvagens continham fenólicos e flavonóides significativamente mais elevados do que as plantas cultivadas *in vitro*.

Uchimahali *et al.*, (2019) relataram a análise fitoquímica nos extractos de plantas inteiras de *Gloriosa superba*. Relataram que os extractos de plantas inteiras (rebentos, flores e tubérculos) mostraram actividades antibacterianas e antifúngicas. A triagem fitoquímica revelou que alcalóides, triterpenóides, fenóis, saponinas e flavonóides poderiam ser responsáveis pelas atividades antimicrobianas.

CAPÍTULO 3 (Metodologia)

Padronização do protocolo de propagação *in vitro*:

Recolha de material vegetal e preparação de explantes:

As plantas de *Gloriosa superba* foram colhidas no Sub-tropical Herbal Garden Neri, Hamirpur. A identificação e a autenticação do material vegetal recolhido foram efectuadas pelo Departamento de Produtos Florestais, COHF Neri. As plantas foram mantidas no Departamento de Biotecnologia do COHF, Neri, para estudos posteriores.

Esterilização superficial de explantes:

A esterilização da superfície dos explantes excisados (pontas de rebentos e tubérculos) foi efectuada utilizando hipoclorito de sódio e cloreto de mercúrio durante diferentes intervalos de tempo, juntamente com 0,5 ml de Tween-20. Os explantes foram recolhidos num copo e lavados em água corrente da torneira com Tween-20 durante meia hora e depois lavados cuidadosamente com água destilada. Em seguida, os explantes foram esterilizados à superfície em ambiente assético, em fluxo de ar laminar, com uma solução a 1% (p/v) de Bavistin durante 1 minuto, seguida de 2 lavagens com água destilada autoclavada e depois mergulhados em 0,01-0.5% (p/v) de solução de cloreto de mercúrio ($HgCl_2$) e hipoclorito de sódio durante 30-60 segundos, respetivamente, cada um dos quais foi lavado duas vezes com água destilada autoclavada, seguido de uma imersão em etanol a 70% durante 30 segundos, após o que os explantes foram lavados com água destilada autoclavada três vezes. As observações foram registadas como se segue:

- Percentagem de sobrevivência de explantes não contaminados inoculados em meio de cultura
- Percentagem de contaminação dos explantes inoculados no meio de cultura

A contaminação e a percentagem de sobrevivência de dois explantes, pontas de rebentos e tubérculos, foram registadas individualmente em diferentes concentrações de cloreto de mercúrio ($HgCl_2$) em diferentes períodos de exposição.

Diferentes concentrações de cloreto de mercúrio ($HgCl_2$) com tempo de exposição variável:

S. Não.	Tratamentos	Conc. de $HgCl_2$ (%)	Tempo de exposição (seg)
1	SS1	0.01	30
			60
2	SS2	0.05	30
			60

3	SS3	0.10	30
			60
4	SS4	0.50	30
			60
5	SS5	1.00	30
			60

Limpeza de objectos de vidro:

As vidrarias da marca Borosil foram utilizadas por lavagem numa solução de 10% de teepol em água quente. As vidrarias foram deixadas de molho durante uma noite e enxaguadas cuidadosamente com água corrente da torneira e secas a 160ºC numa estufa de ar quente durante 1-2 horas. As vidrarias usadas com os meios gastos e as culturas contaminadas foram primeiro autoclavadas para eliminar a contaminação e depois eliminadas dos recipientes de cultura. Os recipientes de cultura foram finalmente lavados com água quente e enxaguados com água destilada, seguindo-se a esterilização numa estufa de ar quente a 160ºC -180ºC durante 1-2 horas. Os aparelhos foram lavados com detergente e depois seguidos de água corrente da torneira. Depois, foram enxaguados com água destilada e secos numa estufa de ar quente. O bisturi e a pinça foram esterilizados em autoclave.

Utilização de produtos químicos:

Durante a investigação, foram utilizados produtos químicos de alta qualidade. Todos os produtos químicos, *nomeadamente* os reguladores de crescimento, os aminoácidos e os reagentes orgânicos, foram obtidos nas empresas Hi-media, Sigma e SD fine chemical.

Preparação e esterilização de meios nutritivos:

O meio nutritivo utilizado no presente estudo foi o meio Murashigae e Skoog (Murashigae e Skoog, 1962). As soluções de reserva para este meio foram preparadas e armazenadas no frigorífico a 4 ± 1°C para utilização posterior. As concentrações de macro e micro nutrientes e vitaminas dos meios são apresentadas no Quadro 3.2. No caso do meio MS de meia força, metade da concentração de todos os produtos químicos acima mencionados foi adicionada a um litro de água destilada.

Quadro 1 Composição do meio MS para o estabelecimento *in vitro* de explantes de *Gloriosa superba* (Murashige e Skoog, 1962):

Componentes	Concentração no stock (mg/l)	Concentração no meio (mg/l)	Volume de stock por litro de meio (ml)
Macronutrientes			
NH_4NO_3	33000	1650	50
KNO_3	38000	1900	
$CaCl_2.2H_2O$	8800	440	
$MgSO_4.7H_2O$	7400	370	
KH_2PO_4	3400	170	
Micronutrientes			
KI	166	0.83	5
H_3BO_3	1240	6.2	
$MnSO_4.4H_2O$	4460	22.3	
$ZnSO_4.7H_2O$	1720	8.6	
$Na_2MoO_4.2H_2O$	50	0.25	
$CuSO_4.5H_2O$	5	0.025	
$CoCl_2.6H_2O$	5	0.025	
Fonte de ferro			
$FeSO_4.7H_2O$	5560	27.8	5
$Na_2EDTA.2H_2O$	7460	37.3	
Vitaminas			
Mio-inositol	Acrescentar recentemente ao médio	100	5
Ácido nicotínico	100	0.5	
Piridoxina-HCl	100	0.5	
Tiamina-HCl	100	0.5	
Glicina	400	2	
Fonte de carbono			

Sacarose	Adicionar fresco ao meio	30g/l	

Preparação de reguladores de crescimento:

Os reguladores de crescimento das plantas foram preparados frescos de cada vez. As auxinas foram preparadas por dissolução em algumas gotas de álcool absoluto, enquanto as citocininas foram dissolvidas em NaOH 1N e o volume final de todos os reguladores de crescimento foi feito por adição de água destilada e armazenado no frigorífico.

O meio basal foi preparado adicionando a quantidade adequada de soluções de reserva, fazendo o volume total necessário com água destilada. O meio basal foi suplementado com diferentes reguladores de crescimento de plantas para diferentes parâmetros. O pH foi ajustado para 5,8 com HCl 1N ou NaOH. O ágar-ágar foi adicionado como agente solidificador. O meio foi então fervido para dissolver o ágar-ágar e cerca de 20-25 ml de meio foram vertidos em cada um dos tubos de cultura e cerca de 30-35 ml de meio foram adicionados em frascos cónicos de 150 ml de capacidade. Os tubos de cultura e os frascos foram então tapados com tampões de algodão não absorventes e esterilizados em autoclave durante 20 minutos a 15 psi. Após a conclusão da esterilização, os tubos de cultura/frascos foram mantidos numa câmara limpa.

Manipulações assépticas e condições de cultura:

As culturas foram mantidas assepticamente a uma temperatura de 25±2°C sob um ciclo de fotoperíodo de 16 horas de luz e 8 horas de escuridão, fornecido por lâmpadas fluorescentes brancas frias na sala de cultura.

Resposta morfogénica das culturas:

Estabelecimento *in vitro* de explantes:

Os explantes esterilizados à superfície (pontas de rebentos, tubérculos) foram inoculados assepticamente em meio MS suplementado com várias combinações de crescimento, ou seja, BAP, Kin e NAA com 30% de sacarose e solidificado com 8% de ágar. A câmara de fluxo de ar laminar foi esterilizada com um pano embebido em etanol absoluto. Todos os instrumentos necessários, como pinças, cabo de bisturi e lâmina de bisturi, juntamente com frascos/tubos com meio MS, foram colocados na câmara laminar e expostos à luz UV durante 20 minutos antes da inoculação.

3.2.2 Proliferação e multiplicação de rebentos *in vitro*:

Os explantes (pontas de rebentos, tubérculos) foram inoculados em meio MS suplementado com diferentes concentrações de citocininas BAP (0,5-2,0mg/l) Kin (0,5-0,75mg/l) e NAA (0,25-

0,5mg/l) isoladamente ou em combinação para iniciação e proliferação de rebentos. Os rebentos proliferados foram transferidos para meios de multiplicação, quer para o mesmo meio de indução de rebentos, quer para um meio diferente suplementado com diferentes concentrações e combinações. As observações foram registadas como:

- Número de dias necessários para a regeneração dos rebentos
- Regeneração de rebentos %
- Número de rebentos por explante
- Comprimento do rebento (cm)

Composição do meio para a indução de rebentos *in vitro* através de pontas de rebentos e explantes de tubérculos em

***Gloriosa superba*:**

S. Não.	Tratamentos	Explosivos	Reguladores de crescimento das plantas (mg/l)		
			BAP	NAA	Parente
1	SM1 (Controlo)		-	-	-
2	SM2	Dicas de filmagem	1.0	-	-
3	SM3		1.5	-	-
4	SM4		2.0	-	-
5	SM5		1.0	0.25	-
6	SM6		1.5	0.5	-
7	SM7		2.0	0.75	-
8	SM8	Tubérculo	0.5	-	-
9	SM9		1.0	-	-
10	SM10		2.0	-	-
11	SM11		0.5	-	0.25
12	SM12		1.0	-	0.5
13	SM13		2.0	-	0.75

Indução de raízes *in vitro*:

Os rebentos regenerados de culturas com 4-5 semanas de idade foram transferidos para um meio MS de meia força contendo diferentes concentrações de auxinas IAA (0,5-2,0mg/l) e IBA (0,5-2,5mg/l) quer isoladamente quer em combinação para indução de raízes. Os rebentos saudáveis com raízes bem desenvolvidas foram então endurecidos. As observações registadas foram as seguintes

- Número de dias necessários para a regeneração das raízes
- Regeneração radicular Percentagem
- Número de raízes por explante
- Comprimento da raiz (cm)

Quadro 2 Composições de meios para a indução de raízes *in vitro* em rebentos de *Gloriosa superba*:

S. Não.	Tratamentos	Reguladores de crescimento das plantas (mg/l)	
		IAA	IBA
1	RM1 (Controlo)	-	-
2	RM2	-	0.5
3	RM3	-	1.0
4	RM4	-	2.0
5	RM5	0.5	-
6	RM6	1.0	-
7	RM7	2.0	-
8	RM8	1.0	0.5
9	RM9	1.0	1.0

Endurecimento e aclimatação de plântulas enraizadas:

- **Lavagem dos rebentos enraizados:**

As plântulas com rebentos e raízes bem desenvolvidos foram retiradas cuidadosamente dos recipientes de cultura para evitar qualquer dano ao delicado sistema radicular. Os rebentos enraizados foram lavados suavemente com água corrente da torneira para remover completamente o ágar aderente durante meia hora. Em seguida, foram tratados com Bavistin (0,5%) durante cerca de meia hora.

- **Plantação em misturas de vasos:**

Três substratos de plantação diferentes, Areia: Solo: Vermicomposto (1:2:1), Areia: Solo: F.Y.M. (1:2:1), Areia: Turfa: Solo (1:1:1), foram utilizados como misturas de envasamento. Foram enchidos copos descartáveis com as misturas de envasamento autoclavadas e as plântulas tratadas foram transplantadas. As plântulas envasadas foram então cobertas com sacos de polietileno transparentes (com orifícios para uma circulação adequada do ar) a fim de manter a humidade. Após cerca de 2 semanas, quando as plantas mostravam os primeiros sinais de estabelecimento, a humidade foi reduzida aumentando os orifícios dos sacos de polietileno e, após alguns dias, os sacos foram retirados. As plantas foram irrigadas sempre que necessário.

Análise estatística:

Os experimentos foram montados em um delineamento de blocos completamente casualizados (CRD) (Cochran e Cox, 1963 e Gomez e Gomez, 1984) e cada experimento tem três réplicas. Os resultados são expressos como média ± EP dos experimentos. Os dados foram analisados através de uma análise de variância (ANOVA) unidirecional e bidirecional. A análise estatística foi efectuada utilizando o MS Excel e o OPSTAT.

Estudar a fidelidade genética de plantas cultivadas *in-vitro* utilizando marcadores RAPD e ISSR:

Foram selecionados iniciadores de ADN polimórfico amplificado aleatório (RAPD) e de repetição de sequências inter-simples (ISSR) para a amplificação de ADN genómico isolado da planta-mãe e de plantas cultivadas *in vitro* de *Gloriosa superba* L. Os passos são os seguintes:

Recolha de amostras de folhas:

Folhas frescas e jovens de plantas-mãe e de plantas cultivadas *in vitro* de *Gloriosa superba* foram utilizadas para a extração do ADN genómico total.

Isolamento do ADN genómico total:

O ADN genómico total foi isolado utilizando o método CTAB (Doyle e Doyle, 1987), com ligeiras modificações, a partir de folhas jovens de plantas-mãe e de plantas cultivadas *in vitro* de *Gloriosa superba* L. A composição do tampão de extração utilizado para o isolamento do ADN genómico é apresentada a seguir.

Quadro 3 Composição do tampão de extração utilizado para o isolamento do ADN genómico total (Doyle e Doyle, 1987):

S. Não.	Componentes	Concentração de existências	Concentração de trabalho
1	Tris HCl (pH 8,0)	1.0M	100 mM
2	Cloreto de sódio	5.0M	1.4 M
	EDTA (pH 8,0)	0.5M	20 mM
4	CTAB	2%	2%
5	β-Mercaptoetanol	0.2%	0.2%
6	Polivinilpirrolidona (PVP)	1%	1%

Reagentes utilizados para o isolamento do ADN

a) 2% CTAB

b) EDTA 0,5 M (pH 8,0): - 73,06 g de EDTA foram dissolvidos em 400 ml de água destilada e, em seguida, adicionou-se NaOH para ajustar o pH a 8,0. Em seguida, fazer o volume final, ou seja, 500 ml e esterilizar por autoclave.

c) Tris HCL 1M (pH 8,0): - 60,58 g foram dissolvidos em 400 ml de água destilada e, em seguida, adicionaram-se pastilhas de NaOH para ajustar o pH a 8,0. Em seguida, fazer o volume final, ou seja, 500 ml e esterilizar por autoclave.

d) NaCl 5M: - 29,2 g de NaCl foram dissolvidos em 100 ml de água destilada.

e) Tampão de extração (100 ml)

- 4 ml de EDTA 0,5M,
- 10 ml de Tris HCL 1M
- 28 ml de NaCl 5M
- 2g de CTAB
- 2g de polivinilpirrolidona (PVP)
- 0,2 ml de β-mercaptoetanol
- 58 ml de água destilada

f) Clorofórmio: Álcool isoamílico (24:1): - num erlenmeyer, adicionar 24 ml de clorofórmio e 1 ml de álcool isoamílico, arrefecidos, e misturar suavemente.

g) Etanol a 70%: - Adicionar 70 ml de etanol absoluto num erlenmeyer e, em seguida, adicionar 30 ml de água destilada autoclavada e misturar suavemente.

h) Tampão TE

Todos os stocks foram esterilizados a 121°C e 15psi durante 15-20 min e armazenados à temperatura ambiente para utilização posterior.

Outros produtos químicos utilizados durante o presente inquérito:

Outros produtos químicos utilizados durante o presente inquérito foram o clorofórmio: Álcool isoamílico (Merck and Co.), isopropanol (Merck and Co.), fenol: Clorofórmio: Álcool isoamílico, etanol a 70%, RNase (Genei™) e tampão TE (Genei™).

Isolamento de ADN genómico total da planta *Gloriosa superba* (mãe e *in vitro*):

Passo 1: Foram colhidas 100 mg de folhas como amostra das plantas-mãe e das plantas cultivadas *in vitro*. **Passo 2:** A amostra foi então triturada num almofariz de pilão e foram adicionados 400 μl de tampão de extração pré-aquecido (65°C).

Etapa 3: A mistura foi então transferida para tubos eppendorf estéreis de 1,5 ml. Adicionaram-se 400 μl de clorofórmio: Álcool isoamílico e misturou-se por inversão suave durante 15 minutos.

Passo 4: A centrifugação foi efectuada a 13.000 rpm durante 15 minutos a 4 °C para separar as fases.

Etapa 5: A fase aquosa foi então cuidadosamente pipetada e transferida para um novo tubo estéril e mantida a 4 °C durante uma noite, adicionando igual volume de isopropanol frio.

Passo 6: As amostras foram então centrifugadas a 13000 rpm durante 15 minutos a 4 °C.

Etapa 7: O sobrenadante foi eliminado e o sedimento foi lavado duas vezes com etanol a 70% e centrifugado a 13000 rpm durante 10 minutos a 4 °C.

Etapa 8: O sedimento foi então seco ao ar para remover os vestígios de etanol e dissolvido em 50 μl de tampão TE e armazenado a 4 °C para utilização futura.

Purificação do ADN genómico total:

O ADN genómico isolado foi então purificado para remover a contaminação do ARN e das proteínas por RNase e PCI (Fenol: Clorofórmio: Álcool isoamílico).

Reagentes utilizados para a purificação

a) RNase (5 mg/ ml):- Dissolveram-se 5 mg de RNase em 1 ml de água destilada autoclavada e ferveu-se a 100°C durante 5 minutos.

b) Fenol: clorofórmio: álcool isoamílico (25:24:1)

c) Acetato de sódio 3M

d) Etanol absoluto (95%)

e) Etanol a 70%

Procedimento

Etapa 1: 1 µl de RNase (5 mg/ml) foi adicionado a cada amostra de ADN e incubado a 37 °C em banho-maria durante 1 hora.

Etapa 2: Foi adicionado um volume igual de fenol: clorofórmio: álcool isoamílico (25:24:1) e misturado suavemente.

Etapa 3: A suspensão foi centrifugada a 15000 rpm durante 10 minutos a uma temperatura de 4°C e a fase aquosa foi transferida para um novo tubo eppendorf autoclavado.

Passo 4: Adicionou-se 0,1 volume de acetato de sódio 3M (NaOAc) previamente arrefecido e 2,5 volumes de álcool absoluto (95%) e misturou-se suavemente o conteúdo.

Etapa 5: As amostras de ADN foram precipitadas por centrifugação a 12000 rpm durante 15 minutos e o sobrenadante foi decantado cuidadosamente.

Etapa 6: O sedimento de ADN foi então lavado com etanol a 70% e centrifugado a 15000 rpm durante 10 minutos, tendo o sobrenadante sido novamente decantado.

Etapa 7: O sedimento de ADN foi seco ao ar e ressuspendido em 50 µl de tampão TE e armazenado a - 20°C para utilização posterior.

Quantificação do ADN genómico:

A concentração e a pureza do ADN foram observadas nos comprimentos de onda de 260 e 280 nm, utilizando um espetrofotómetro UV-vis (Thermo Scientific Evolution 200 series). Para estimar a quantidade de ADN, diluiu-se adequadamente uma alíquota das amostras de ADN e determinou-se a absorvância (A) a 260 nm num espetrofotómetro. A concentração de ADN foi estimada com base na absorvância a 260 nm utilizando a fórmula:

$$\text{Concentração de ADN padrão (mg/ml)} = \frac{50 \times A\,260 \times \text{Fator de diluição}}{1000}$$

A razão entre a absorvância a 260 nm e 280 nm foi medida para verificar a contaminação da proteína.

Quadro 4. Controlo da pureza do ADN com base na relação A 260: A 280:

Sr. nº.	A 260 : A 280 (razão de absorvância)	Indicação
1	Superior a 1,8	Contaminação proteica
2	1,4 a 1,8	ADN de boa qualidade
3	Inferior a 1,4	Contaminação por ARN

Eletroforese em gel de agarose:

Durante a presente investigação, foram utilizados os stocks de tampão TAE 50X (Genei™), brometo de etídio (10 mg/ml em água destilada estéril) (Genei™) e corante de carga 6X (0,25% de azul de bromofenol + 30% de glicerol em água) (Genei™).

A integridade do ADN foi avaliada através da análise do gel nas etapas seguintes:

- Dissolveram-se 0,8 g de agarose em 98 ml de água destilada e 2 ml de tampão TAE 50X.
- A mistura foi aquecida até a agarose se dissolver completamente e a solução ficar límpida. Em seguida, arrefeceu-se e adicionou-se brometo de etídio a uma concentração final de 3 μl em 100 ml.
- A solução de agarose foi então vertida num tabuleiro de gel casting com um pente já preparado e deixada durante 20-30 minutos para solidificação.
- Após a solidificação do gel, o pente foi retirado e o tabuleiro de moldagem, juntamente com o gel, foi transferido para a câmara de eletroforese. Foi-lhe adicionado o tampão de eletroforese, que foi preparado com tampão TAE 50X.
- As amostras de ADN para carregamento foram preparadas adicionando 2 μl de corante de carregamento (6X) a 8 μl de ADN e carregadas nos poços com a ajuda de uma micropipeta.
- O gel foi mantido durante cerca de 1 hora a uma voltagem de 80 V e visualizado num transiluminador UV. As amostras de ADN foram depois fotografadas utilizando o sistema de documentação do gel.

Mistura de reação da Reação em Cadeia da Polimerase (PCR):

A PCR foi realizada num volume de reação de 25 μl contendo:

Tampão Taq	A2.5 μl
Taq DNA Polimerase1	,2 μl
dNTPs2	,5 μl
Primers2 μl	
ADN modelo4	,5 μl
Água destilada autoclavada12	,3 μl

Caracterização molecular através de marcadores RAPD:

Amplificação de ADN:

A amostra de ADN *in vitro* e da planta-mãe foi amplificada utilizando a Reação em Cadeia da Polimerase, utilizando o protocolo de Williams *et al.* com algumas modificações. O protocolo de PCR foi padronizado para realizar a amplificação usando primers aleatórios.

Padronização dos parâmetros do procedimento RAPD-PCR:

A amplificação foi efectuada num termociclador (Applied Biosystems 'Veriti') durante

amplificações cíclicas utilizando um único iniciador em cada reação, seguindo o parâmetro de ciclagem:

Tabela5 Parâmetro de ciclo de PCR para o iniciador RAPD:

N.º Sr.	Etapa	Temperatura (°C)	Tempo (min)	N.º de ciclos
1.	Desnaturação inicial	94.0	07	01
2.	Desnaturação	94.0	45 (seg)	39
3.	Recozimento do iniciador	37.0	45 (seg)	
4.	Extensão inicial	72.0	02	
5.	Extensão final	72.0	07	01
6.	Manter a 4°C			

Quadro 6 Primers RAPD utilizados para o rastreio da fidelidade genética de plantas cultivadas *in vitro* de

***Gloriosa superba*:**

N.º Sr.	Código da cartilha	Sequência do iniciador (5'-3')	Temperatura de recozimento (°C)
1.	GCC104	GGGCAATGAT	37
2.	GCC114	TGACCGAGAC	37
3.	GCC117	TTAGCGGTCT	37
4.	GCC123	GTCTTTCAGG	37
5.	GCC111	AGTAGACGGG	37
6.	GCC135	AAGCTGCGAG	37
7.	GCC139	CCCAATCTTC	37
8.	GCC119	ATTGGGCGAT	37
9.	GCC103	GTGACGCCGC	37
10.	GCC113	ATCCCAAGAG	37

Caracterização molecular através de marcadores ISSR:

Para a análise ISSR, as reacções PCR foram idênticas às seguidas na análise RAPD. No caso dos primers ISSR, verificou-se que a temperatura óptima de recozimento variava em função da composição de bases dos primers.

3.3.8.1 Amplificação de ADN:

A amostra de ADN *in vitro* e da planta-mãe foi amplificada utilizando a Reação em Cadeia da Polimerase, utilizando o protocolo de Williams *et al.* com algumas modificações. O protocolo de PCR foi padronizado para realizar a amplificação usando primers aleatórios.

Normalização dos parâmetros do procedimento ISSR-PCR:

A amplificação foi efectuada num termociclador (Applied Biosystems 'Veriti') durante

amplificações cíclicas utilizando um único iniciador em cada reação, seguindo o parâmetro de ciclagem:

Quadro 7 Parâmetro de ciclo de PCR para o iniciador ISSR:

N.º Sr.	Etapa	Temperatura (°C)	Tempo (min)	N.º de ciclos
1.	Desnaturação inicial	94.0	07	01
2.	Desnaturação	94.0	45 (seg)	39
3.	Recozimento do iniciador	54-58.0	30 (seg)	
4.	Extensão inicial	72.0	02	
5.	Extensão final	72.0	07	01
6.	Manter a 4°C			

Quadro 8 - Primers ISSR utilizados para avaliar a fidelidade genética de plantas de *Gloriosa superba* cultivadas *in vitro* (R= G ou A, Y= T ou C):

N.º Sr.	Código da cartilha	Sequência do iniciador (5'-3')	Temperatura de recozimento (°C)
1.	GCC807	(AG)8T	54
2.	GCC809	(AG) 8G	54

3.	GCC810	(GA) 8T	54
4.	GCC816	(CA) 8T	54
5.	GCC846	(CA) 8RT	58
6.	GCC834	(AG)8YT	58
7.	GCC847	(CA)8RC	58

Eletroforese em gel de agarose do produto PCR amplificado:

Após a amplificação, os produtos da PCR foram carregados num gel de agarose a 1,2% e utilizou-se o tampão TAE 1X como tampão do gel e do tabuleiro. Adicionaram-se 3 µl de corante de carga 6X a cada amostra amplificada por PCR e carregou-se no gel. Utilizou-se como padrão o marcador de ADN ladder de 1 Kb. Fazer correr o gel a 75V até o corante de carga atingir a frente do gel. O gel foi visualizado num trans-iluminador UV e a imagem foi obtida através do sistema de documentação do gel.

Análise dos dados:

Apenas as bandas claras e reprodutíveis foram classificadas para a análise dos dados. A presença de uma determinada banda foi classificada como "1" e a ausência como "0". Os dados de todos os primers foram utilizados para estimar a semelhança com base no número de bandas amplificadas partilhadas.

Para analisar os dados moleculares, foi utilizado o programa de software Numerical Taxonomic and Multivariate Analysis System (NTSYS-pc) versão 2.02e (Rohlf 2000). Foi construída uma matriz que calcula uma variedade de semelhanças utilizando o coeficiente de Jaccard (Jaccard, 1908) com base na função SIMQUAL e foi construído um dendrograma utilizando o método Unweighted Pair Group Method using Arithmetic Averages (UPGMA) (Sokal e Sneath, 1963) com base na função SAHN (J) do NTSYS.

Estudar a estimativa fitoquímica das plantas-mãe e das plantas cultivadas *in vitro* de *Gloriosa superba* L.:

Material vegetal:

As partes frescas (folha e caule) das plantas-mãe e *in vitro* foram utilizadas como material vegetal.

Solventes utilizados na extração:

Foram utilizados dois solventes, acetona e metanol, para a preparação do extrato.

Produtos químicos utilizados:

Reagente de Folin-Ciocolteu ou reagente de Folin para fenóis (Hi-Media), carbonato de sódio

(SDFCL), ácido gálico (Hi-Media), quercetina (Hi-Media), ácido tânico (Hi-Media), reagente de Folin (Hi-Media), cloreto de alumínio, metanol (Hi-Media), acetato de sódio (SDFCL), acetona (SDFCL).

Preparação do extrato:

Para preparar o extrato, foram utilizadas partes frescas da planta (folha e caule) da mãe, bem como plantas cultivadas *in vitro*. As amostras foram lavadas com água destilada e secas à temperatura ambiente. Utilizaram-se 100 ml de diferentes solventes (metanol e acetona) para homogeneizar os tecidos secos e, em seguida, procedeu-se à extração num agitador orbital a 150 rpm durante 24 horas. Depois disso, as misturas foram centrifugadas a 10000 rpm durante 10 minutos. O sobrenadante é filtrado em papel de filtro Whatman (n.º 1). O espetrómetro UV-Vis (Thermoscientific) foi utilizado para a estimativa dos parâmetros bioquímicos.

Estimativa quantitativa do teor de fenólicos totais (TPC):

O conteúdo fenólico total foi estimado utilizando o método de Folin-Ciocolteu descrito por Sigleton e Rossi (1965). 0,1 ml de extrato foi misturado com 1,8 ml de reagente de Folin-Ciocolteu (dez vezes diluído) e mantido durante 6 minutos a 25ºC. Em seguida, adiciona-se 1,2 ml de $Na2CO3$ a 20% à mistura de reação. Esta é mantida durante 1 hora e meia à temperatura ambiente. A absorvância foi medida a 765nm utilizando um espetrofotómetro UV-Vis (Thermoscientific). A concentração de TPC foi determinada como mg de equivalente de ácido gálico (GAE) por grama de tecido, utilizando uma equação obtida a partir da curva de calibração do ácido gálico.

Estimativa quantitativa do teor de flavonóides totais (TFC):

O teor total de flavonóides foi determinado utilizando o método colorimétrico do cloreto de alumínio (Chang *et al.*, 2002) com algumas modificações. 0,5 ml de extractos, 1,5 ml de metanol,

Misturaram-se 0,1 ml de cloreto de alumínio (10%), 0,1 ml de acetato de sódio (1 M) e 2,8 ml de água destilada durante 5 minutos, agitando em vórtice. A mistura de reação foi mantida à temperatura ambiente durante 30 minutos e a absorvância foi medida a 415 nm. A curva de calibração foi preparada para a quercetina e os resultados serão expressos em mg de equivalentes de quercetina (QE) por grama de tecido.

Estimativa quantitativa do teor de taninos totais (TTC):

O teor de taninos totais foi medido utilizando o método de Folin-Dennis (Singelton *et al.*, 1999). 0,2 ml de extractos foram misturados com 0,5 ml de reagente de Folin-Dennis. De seguida, adiciona-se 1 ml de solução de carbonato de sódio a 20% e 1 ml de água millipore. A mistura de reação foi incubada à temperatura ambiente durante 30 minutos. A absorvância da reação é medida a 775 nm. A concentração do tanino total será determinada em mg de equivalentes de ácido tânico (TAE) por grama de tecido, utilizando uma equação obtida a partir da curva de calibração do ácido tânico.

Para calcular a concentração do conteúdo, a fórmula utilizada é a seguinte

$$\text{Cocentração (mg)} = \frac{X \times \text{volume total} \times 100}{\text{Alíquota colhida} \times \text{Peso da amostra (g)}}$$

Análise estatística

Os experimentos foram montados em um delineamento de blocos completamente casualizados (CRD) (Cochran e Cox, 1963 e Gomez e Gomez, 1984) e cada experimento tem três repetições. Os dados foram analisados através de uma análise de variância (ANOVA) unidirecional e bidirecional. A análise estatística foi efectuada utilizando o MS-Excel e o OPSTAT. Todos os dados foram expressos como média ± SE, onde n= 4.

CAPÍTULO 4 (RESULTADOS)

Esterilização superficial de explantes:

A esterilização é o processo de tornar os explantes livres de contaminação antes do estabelecimento de culturas (Badoni e Chauhan, 2010). O hipoclorito de sódio, o etanol, o hipoclorito de cálcio, o cloreto de mercúrio, o nitrato de prata, a água de bromo e o peróxido de hidrogénio têm sido vulgarmente utilizados para a esterilização de superfícies de plantas e sementes de diferentes espécies vegetais (Talei *et al.*, 2012; Daud *et al.*, 2012; Olowe *et al.*, 2014). Para resolver os vários problemas de contaminação encontrados nas culturas de tubérculos e pontas de rebentos, foram testadas diferentes concentrações de cloreto de mercúrio ($HgCl_2$) e hipoclorito de sódio (0,01 - 1,0 % p/v) em dois tempos de exposição selecionados (30 e 60 segundos) para padronizar o melhor protocolo de esterilização para a cultura *in vitro* de *G. superba.* Entre os vários tratamentos de esterilização, o cloreto de mercúrio foi considerado o melhor para a esterilização de superfícies, em comparação com o hipoclorito de sódio. Por conseguinte, foram efectuados estudos adicionais utilizando cloreto de mercúrio como esterilizante. A Tabela 4.1 representa a contaminação e a sobrevivência (%) para todas as diferentes concentrações de cloreto de mercúrio ($HgCl_2$) para diferentes tempos de exposição após 2 semanas de cultura em meio de cultura baseado em formulações de meio MS (Fig. 4.1 e 4.2). No caso dos explantes de tubérculos dos vários tratamentos, SS1 a SS5, a taxa máxima de sobrevivência (73,33%) foi observada no tratamento SS4 (0,5% de $HgCl_2$) por 30 segundos e a taxa mínima de sobrevivência (36,67) foi observada em SS5 (1,0% de $HgCl_2$) por 30 segundos.

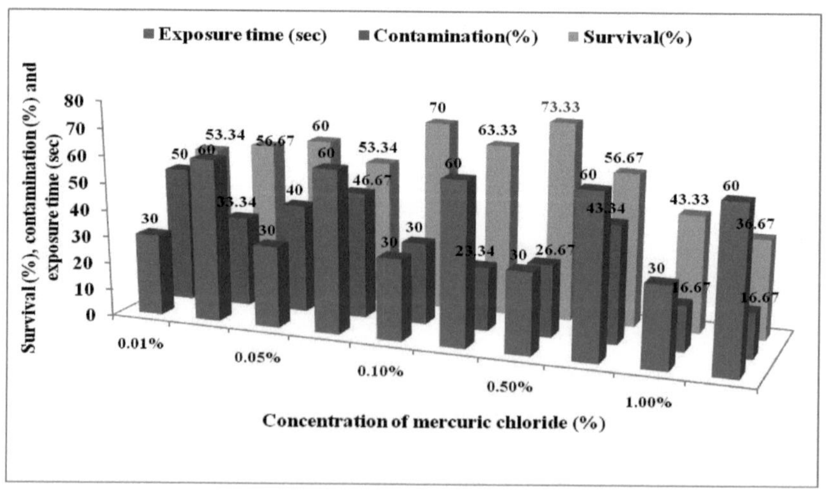

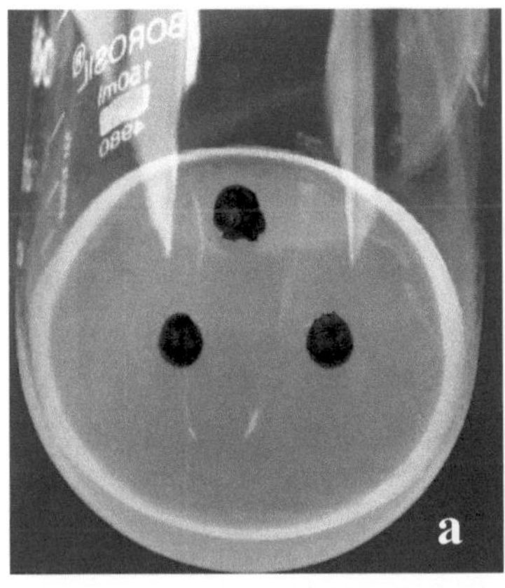

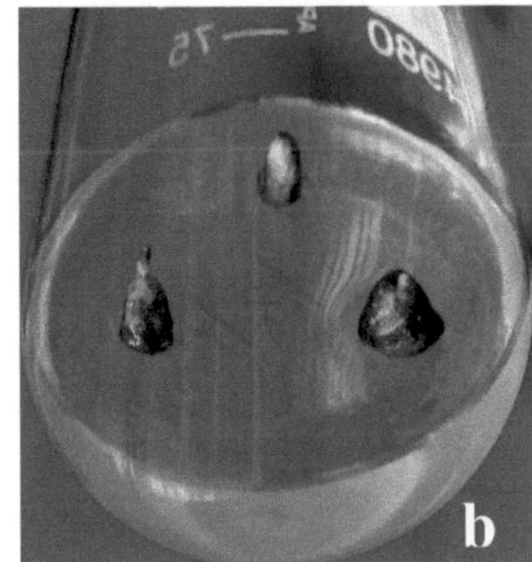

Placa 1. Iniciação de rebentos *in vitro* a partir de tubérculos

(a) Explantes de tubérculos cultivados em meio MS suplementado com BAP (2,0 mg/l)

(b) Iniciação de rebentos após 10 dias em meio MS suplementado com BAP (2,0 mg/l)

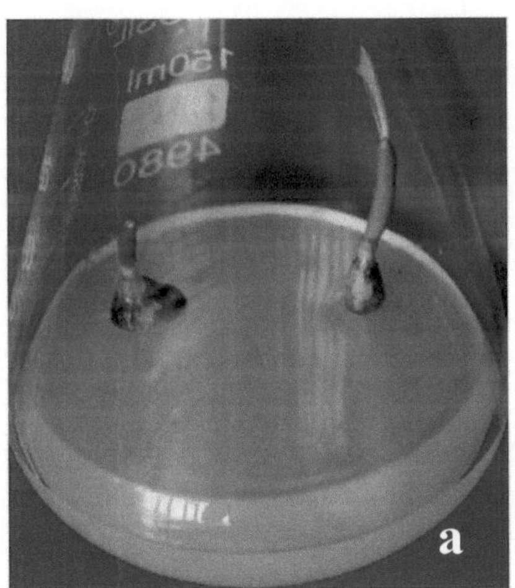

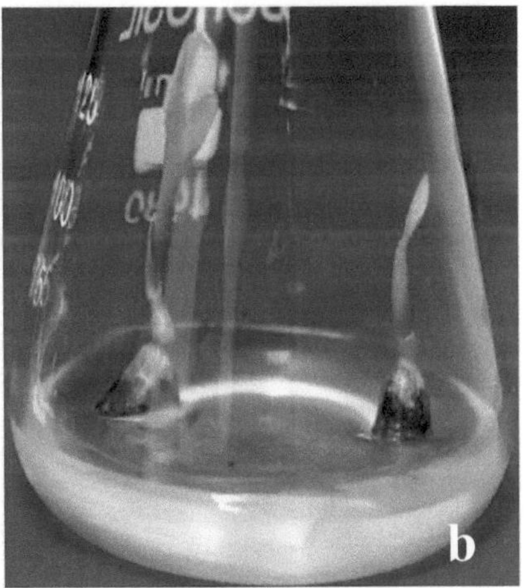

Placa 2. Alongamento de rebentos *in vitro* a partir de tubérculos

(a) Alongamento de rebentos após 15 dias em meio MS suplementado com BAP (2,0 mg/l)

(b) Alongamento de rebentos após 20 dias em meio MS suplementado com BAP (2,0 mg/l)

$_{HgCl2}$) durante 60 segundos. A taxa de contaminação foi mais alta (50,00) observada no tratamento SS1 (0,01% $_{HgCl2}$) por 30 segundos e a menor taxa de contaminação (16,67) foi observada no tratamento SS5 (1,0% $_{HgCl2}$) por 30 e 60 segundos no caso de explantes de tubérculos. No caso de pontas de brotos como explantes, o tratamento SS3 (0,1% $_{HgCl2}$) por 60 segundos apresentou a maior taxa de sobrevivência (73,33) e a menor taxa de sobrevivência (20,00) foi observada no tratamento SS5 (1,0% $_{HgCl2}$) por 60 segundos entre todos os tratamentos de SS1 a SS5. A maior taxa de contaminação (50,00) foi observada em SS1 (0,01% $_{HgCl2}$) por 30 segundos e a menor (16,67) foi observada em SS5 (1,0 % $_{HgCl2}$) por 60 segundos no caso de explantes de pontas de broto. O cloreto de mercúrio a 0,1% é considerado o melhor para a esterilização superficial de explantes de tubérculos em *Gloriosa superba* (Chatterjee e Ghosh, 2015a).

Tabela 9 Efeito de diferentes concentrações de cloreto de mercúrio ($_{HgCl2}$) com exposição variável de tempo na esterilização de explantes de tubérculos e pontas de rebentos:

Tratamentos	Conc. De $HgCl_2$ (%)	Contaminação (%)		Média	Contaminação (%)		Média	Percentagem de culturas não contaminadas		Média	Percentagem de culturas não contaminadas		Média
		Tubérculo			Dicas de filmagem			Tubérculo			Dicas de filmagem		
		Tempo de exposição (seg)			Tempo de exposição (seg)			Tempo de exposição (seg)			Tempo de exposição (seg)		
		30	**60**		**30**	**60**		**30**	**60**		**30**	**60**	
SS1	**0.01**	50.00 (44.98)	33.34 (34.91)	41.67 (39.95)	50.00 (44.99)	46.67 (43.06)	48.34 (44.02)	53.34 (46.90)	56.67 (48.91)	55.01 (47.90)	56.67 (48.91)	60.00 (50.83)	58.34 (49.88)
SS2	**0.05**	40.00 (39.13)	46.67 (42.97)	43.35 (41.05)	46.67 (43.06)	43.33 (41.14)	45.00 (42.10)	60.00 (50.83)	53.34 (46.98)	56.67 (48.91)	53.33 (46.90)	53.33 (46.99)	53.33 (46.95)
SS3	**0.10**	30.00 (32.98)	23.34 (28.77)	26.67 (30.87)	40.00 (39.13)	33.33 (35.20)	36.67 (37.17)	70.00 (56.97)	63.33 (52.75)	66.66 (54.86)	50.00 (44.99)	**73.33 (58.99)**	61.67 (51.99)
SS4	**0.50**	26.67 (30.98)	43.34 (41.05)	35.01 (36.01)	30.00 (32.99)	33.33 (35.20)	31.67 (34.10)	**73.33 (58.98)**	56.67 (48.91)	65.00 (53.94)	66.67 (54.76)	60.00 (50.83)	63.34 (52.80)
SS5	**1.00**	16.67 (23.35)	16.67 (23.85)	16.67 (23.60)	23.33 (28.77)	16.67 (23.85)	20.00 (26.30)	43.33 (41.93)	36.67 (37.21)	40.00 (39.18)	26.67 (30.76)	20.00 (26.06)	23.34 (28.42)
Média		32.67 (34.29)	32.68 (34.31)		38.00 (37.79)	34.66 (35.70)		60.00 (50.97)	53.34 (46.95)		50.67 (45.27)	53.33 (46.73)	
$CD0_{.05}$		8.39	N/A		5.89	N/A		7.43	N/A		7.42	N/A	

Os valores entre parêntesis são valores angulares transformados, n=10

Resposta *in vitro* de explantes para indução e multiplicação de rebentos:

Para o estabelecimento de tubérculos e explantes de pontas de rebentos, os explantes esterilizados foram cultivados em meio MS suplementado com diferentes concentrações de BAP, Kin e NAA para rebentos. A Tabela 4.2 mostra o efeito de diferentes concentrações de citocininas, sozinhas ou em combinação, na regeneração de rebentos, número de rebentos por explantes e comprimento de rebentos no número de dias necessário em tubérculos e pontas de rebentos (Placa 2b, 3a e 3b). O meio MS, ou seja, MS1 sem reguladores de crescimento, não induziu a abertura de botões ou a multiplicação de rebentos. Foi registado que (Tabela 4.2) os explantes de pontas de rebentos entre vários tratamentos de SM 1 a SM 6 mostraram a maior frequência de regeneração de rebentos (88%) no meio SM 6 (1,5 mg/l BAP + 0,5 mg/l NAA) após 20 dias. O maior número de rebentos por explante (6,67 ± 0,92) e o maior comprimento de rebentos (5,33 ± 0,33) foram observados no meio SM 6 (1,5 mg/l BAP + 0,5 mg/l NAA) após 20 dias. A frequência mais baixa de regeneração de rebentos (66%) foi observada no meio SM 3 (1,5 mg/l BAP + 0,0 mg/l NAA) após 23 dias e no meio SM 4 (2,0 mg/l BAP + 0,0 mg/l NAA) após 22 dias nas pontas dos rebentos (Placa 6b, 7a e 7b). O meio SM 2 apresentou o menor número de rebentos por explante (3,33 ± 0,33) e comprimento de rebentos (2,33 ± 0,33) após 21 dias nas pontas dos rebentos (Fig. 4.3). No caso de explantes de tubérculos, dos vários tratamentos de SM 7 a SM 12, a maior frequência de regeneração de rebentos (88%) foi observada no meio SM 9 (2,0 mg/l BAP + 0,0 mg/l Kin), o número de rebentos por explantes (3,00 ± 0,58) e o comprimento dos rebentos (10,33 ± 0,92) também foi máximo no meio SM 9 após 26 dias. O meio SM 7 (0,5 mg/l BAP + 0,0 mg/l Kin) apresentou a menor regeneração de rebentos (73%), número de rebentos por explante (1,33 ± 0,33) e comprimento de rebentos (6,00 ± 0,58) em 22 dias

(Placa 2, 3, 4, 5). Não se registou formação de rebentos em SM 11 (0,5 mg/l BAP + 0,25 mg/l Kin) e SM12 (1,0 mg/l BAP + 0,5 mg/l Kin) (Fig. 4.4). Os rebentos proliferados após 2-3 semanas foram separados e transferidos para meio MS suplementado com 1,0 mg/l BAP para multiplicação de rebentos (Placa 4 e 5). As presentes investigações estão de acordo com Khandel *et al.*, 2011, que mostra que a melhor resposta de iniciação de rebentos em meio MS suplementado com 2,0 mg/L BAP e 0,5 mg/L NAA, utilizando rebentos apicais e explantes de meristema de *Gloriosa superba*. Aumento da proliferação de rebentos de tubérculos de raiz regenerados *in vitro* de *Gloriosa superba* na concentração de MS + 2mg/L Kin e 1mg/L NAA (Madhavan e Joseph, 2010).

De forma semelhante, a regeneração *in vitro* de *G. superba* a partir de explantes de gemas apicais e axilares foi observada por Hassan e Roy, 2005, onde utilizaram MS + 1,5 mg/l BAP + 0,5 mg/l NAA. Na presente experiência, observou-se que MS + 1,5 mg/l BAP + 0,5 mg/l NAA foi ótimo para a proliferação de rebentos a partir de explantes de pontas de rebentos em cultura de *G. superba*.

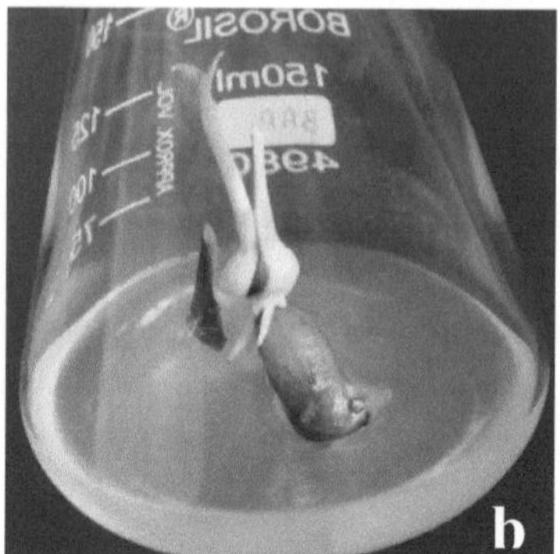

Placa 3. Proliferação de rebentos *in vitro* a partir de tubérculos

(a) Proliferação de rebentos após 22 dias em meio MS suplementado com BAP (2,0 mg/l)

(b) Proliferação de rebentos após 20 dias em meio MS suplementado com BAP (1,0 mg/l)

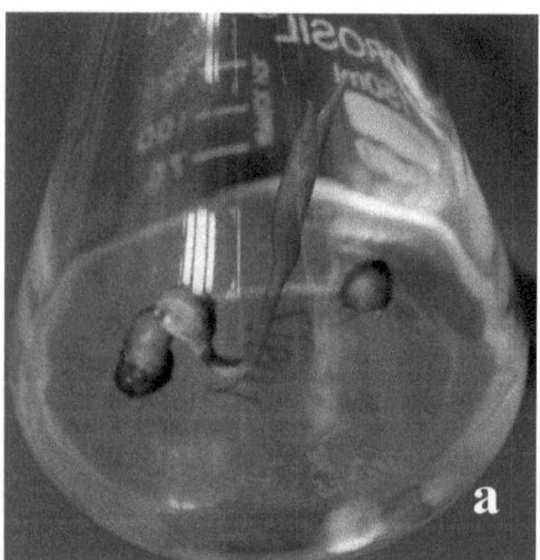

Placa 4. Regeneração de rebentos *in vitro* a partir de tubérculos

(a) Regeneração de rebentos após 3 semanas em meio MS suplementado com BAP (1,0 mg/l)

(b) Regeneração de rebentos após 27 dias em meio MS suplementado com BAP+ Kn (2,0+ 0,75 mg/l)

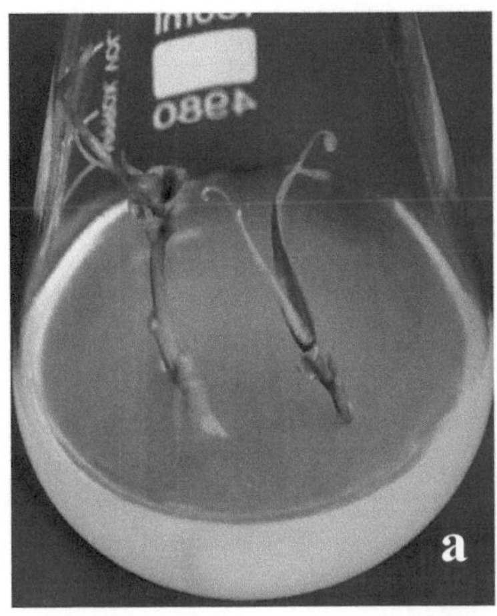

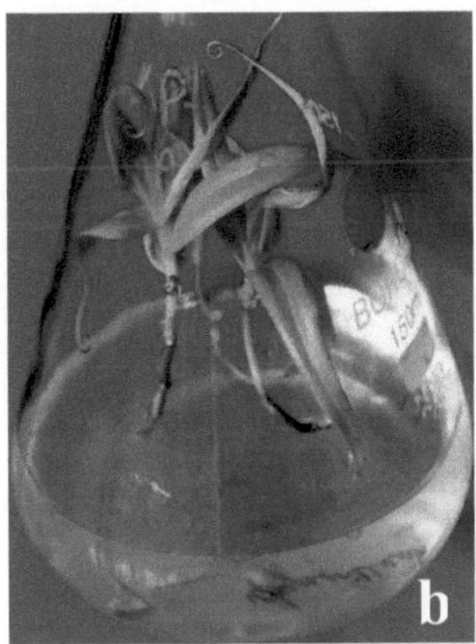

Placa 5. Indução de rebentos *in vitro* a partir de pontas de rebentos

(a) Explantes de pontas de rebentos cultivados em meio MS suplementado com BAP+ NAA (1,5+ 0,5 mg/l)

(b) Proliferação de rebentos após 10 dias em meio MS suplementado com BAP+ NAA (1,5+ 0,5 mg/l)

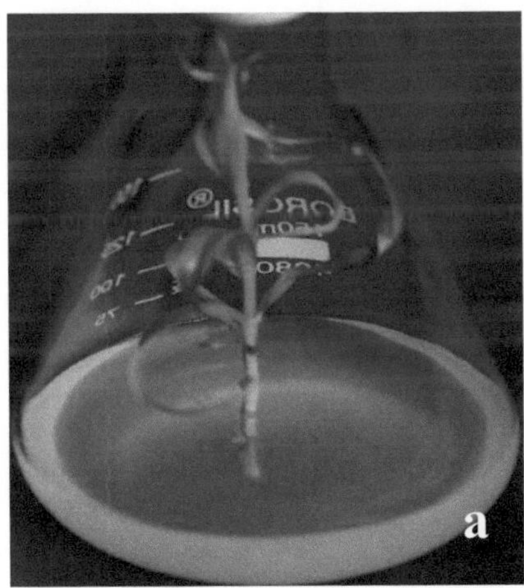

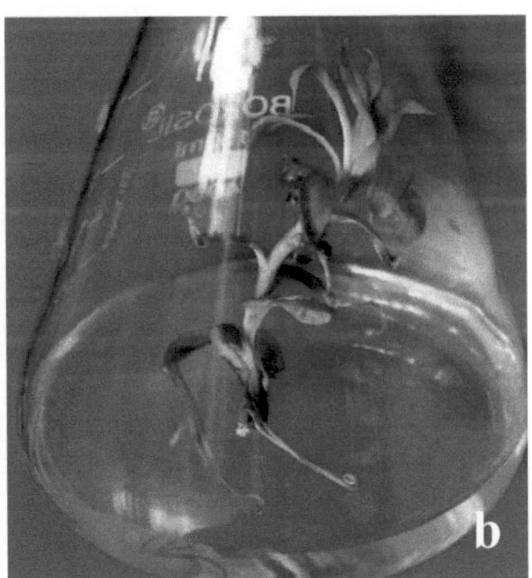

Placa 6. Proliferação de rebentos *in vitro* a partir de pontas de rebentos

(a) Proliferação de rebentos após 20 dias em meio MS suplementado com BAP (2,0 mg/l)

(b) Proliferação de rebentos após 22 dias em meio MS suplementado com BAP+ NAA (1,5+ 0,5 mg/l)

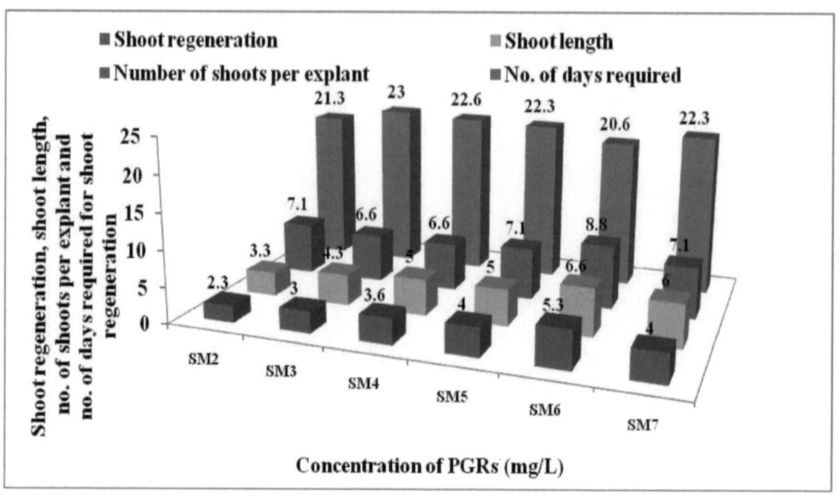

Fig 3 Efeito de várias concentrações de BAP e Kin no número de rebentos por explante, na regeneração dos rebentos, no número de dias necessários para a regeneração dos rebentos e no comprimento dos rebentos a partir da ponta dos rebentos como explantes

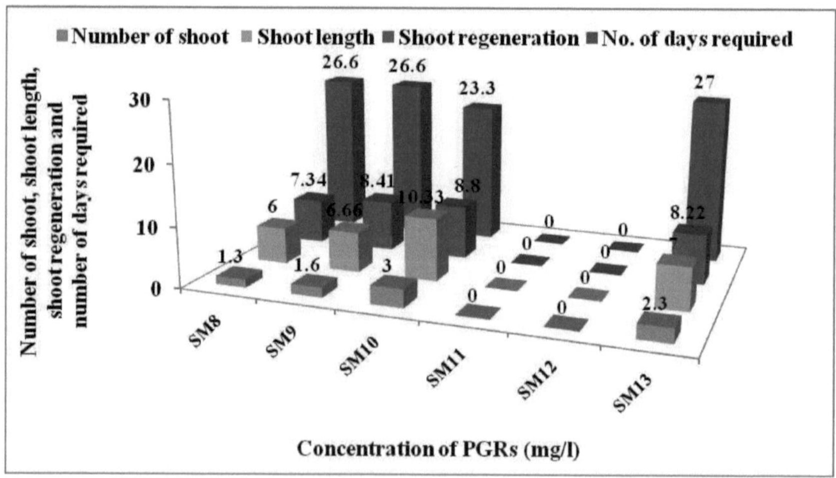

Fig 4 Efeito de várias concentrações de BAP e Kin no número de rebentos por explante, na regeneração de rebentos, no número de dias necessários para a regeneração de rebentos e no comprimento dos rebentos a partir de tubérculos como explantes

A superioridade do BAP em relação a outras citocininas na cultura de tecidos vegetais foi bem demonstrada em muitas outras plantas medicinais importantes, incluindo *Prosopis cineraria* (Kumar e Singh, 2009), *Spilanthes acmella* (Yadav e Singh, 2010) e *Glycyrrhiza glabra* (Yadav e Singh, 2012). O NAA regula não só o crescimento vegetativo mas também o crescimento dos órgãos, enquanto o BAP facilita a divisão celular e a germinação (Pan, 2001).

Tabela 10 Efeito dos reguladores de crescimento vegetal na indução de rebentos através de pontas de rebentos e explantes de tubérculos de *Gloriosa superba*:

Tratamen-tos	Explicar-ts	PGRs (mg/l)	N.º de dias necessários para a regeneração dos rebentos	Regeneração de rebentos (%)	N.º de rebentos por explante	Comprimento do rebento (cm)
SM1		Controlo	-	-	-	-
SM2	Dicas de filmagem	BAP+NAA(1.0+0.0)	21.33±0.92	7.12±0.41	3.33±0.33	2.33±0.33
SM3		BAP+NAA(1,5+0,0)	23.00±0.58	6.65±0.27	4.33±0.33	3.00±0.58
SM4		BAP+NAA(2.0+0.0)	22.67±0.92	6.65±0.27	5.00±0.58	3.67±0.33
SM5		BAP+NAA(1.0+0.25)	22.33±0.92	7.12±0.41	5.00±0.58	4.00±0.58
SM6		BAP+NAA(1,5+0,5)	20.67±0.33	8.81±0.20	6.67±0.92	5.33±0.33
SM7		BAP+NAA(2.0+0.75)	22.33±0.882	7.11±0.40	6.00±0.57	4.00±0.57
SM8	Tubérculo	BAP +Kin(0,5+0,0)	26.67±0.92	7.35±0.60	1,33±0,33	6,00±0.58
SM9		BAP +Kin(1.0+0.0)	26.67±0.92	8.42±0.35	1.67±0.67	6.67±0.92
SM10		BAP +Kin(2.0+0.0)	23.33±0.92	8.81±0.20	3.00±0.58	10.33±0.92
SM11		BAP+Kin(0,5+0,25)	-	-	-	-
SM12		BAP+Kin(1,0 +0,5)	-	-	-	-
SM13		BAP+Kin(2.0+0.75)	27.00±0.58	8.22±0.21	2.33±0.33	7.00±0.58
	$CD0_{.5}$	Dicas de filmagem	N/A	1.03	1.80	1.47
		Tubérculo	2.70	N/A	N/A	2.46

Os valores representam a Média ± SE, n=10

4.1.4 Indução de raízes *in vitro*:

Os rebentos cultivados *in vitro* foram retirados e utilizados para estudar a indução de enraizamento *in vitro*. No presente estudo, os rebentos excisados não conseguiram desenvolver raízes num meio sem fornecimento de PGRs. O meio MS sem qualquer suplemento de PGR provou ser completamente incapaz de induzir o enraizamento em muitas espécies de plantas (Lal *et al.*, 2010; Verma *et al.*, 2011; Yadav e Singh, 2011). A tabela 4.3 representa a percentagem de enraizamento, o número de raízes por rebento e o comprimento da raiz após o número de dias necessário (Placa 8, 9).

O meio MS basal + 2,0 mg/l IBA (RM 4) foi considerado o melhor meio para a indução de raízes *in vitro* e apresentou a maior regeneração de raízes (71%), número de raízes por rebento (8,00 ± 0,58) e comprimento de raízes (5,00 ± 0,58) após 18 dias. A regeneração radicular mais baixa (47%) e o comprimento radicular (2,67 ± 0,67) foram observados no meio RM 3 (0,0 mg/l IAA + 1,0 mg/l IBA). Os tratamentos RM 7 (IAA 2,0 mg/l + IBA 0,0 mg/l) e RM 9 (IAA 1,0 mg/l + IBA 1,0 mg/l) apresentaram o menor número de raízes por rebento (Fig. 4.5).

O sucesso do IBA na promoção da indução eficiente de raízes foi relatado para *Swaisona formosa* (Jusaitis 1997), *Hemidesmus indicus* (Sreekumar *et al.*, 2000), *Cunila galodes* (Fracaro e Echeverrigaray 2001), *Ceropegia candelabrum* (Beena *et al.*, 2003), *Mucuna pruriens* (Faisal *et al.*, 2006).

A estimulação do IBA também foi relatada em *Pittosporum napaulensis*, onde a organogénese direta da raiz é observada no meio suplementado com IBA e IAA, onde a maior concentração de NAA, levou à formação de calo (Dhar *et al.*, 2000). A superioridade do IBA como hormona de enraizamento em relação a outras auxinas também foi relatada para *Terminalia bellerica* (Phulwaria *et al.*, 2012), *Chichorium intybus* (Velayutham *et al.*, 2006), Pitachio (Benmahioul *et al.*, 2012).

O IBA é o melhor para a indução de raízes também foi registado em *Kaempferia galanga* (Shirin *et al.*, 2000), *Tylophora indica* (Haque e Ghosh 2013a), *Luffa acutangula* (Saha e Ghosh, 2015), *Plumbago zeylanica* (Chatterjee e Ghosh, 2015b). O enraizamento estimulado pelo IBA também foi registado em *Pittosporum tobira variegatum* (Conover e Joiner *et al.*, 1963).
Verificou-se que o IBA é o mais eficaz em diferentes concentrações entre diferentes tipos de auxinas em *Gloriosa superba* L. (Chatterjee e Ghosh, 2015a) e, entre diferentes concentrações, verificou-se que IBA 0,5 mg/l é a melhor concentração de auxina para um enraizamento adequado.

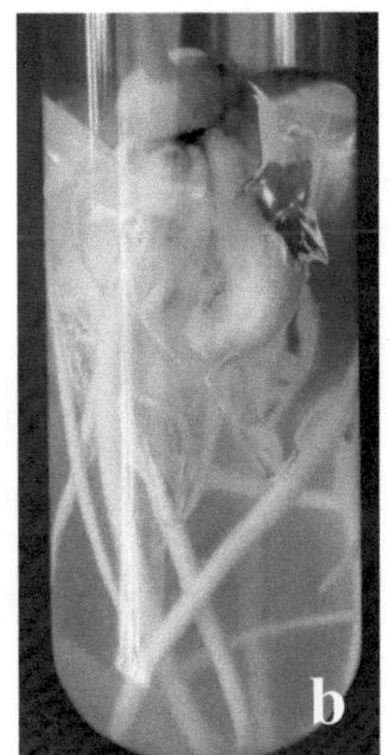

Placa 7. Regeneração de raízes *in vitro*

(a) Iniciação da raiz após 1 semana em meio MS suplementado com IBA (2,0 mg/l)

(b) Raízes após 2-3 semanas em meio MS suplementado com IBA (2,0 mg/l)

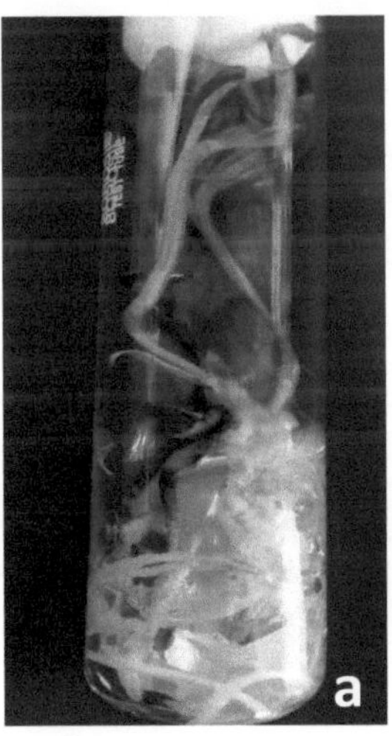

Placa 8. Regeneração de raízes *in vitro*

(a) Raiz após 3-4 semanas em meio MS suplementado com IBA (2,0 mg/l)

(b) Raiz após 3-4 semanas pronta para endurecer

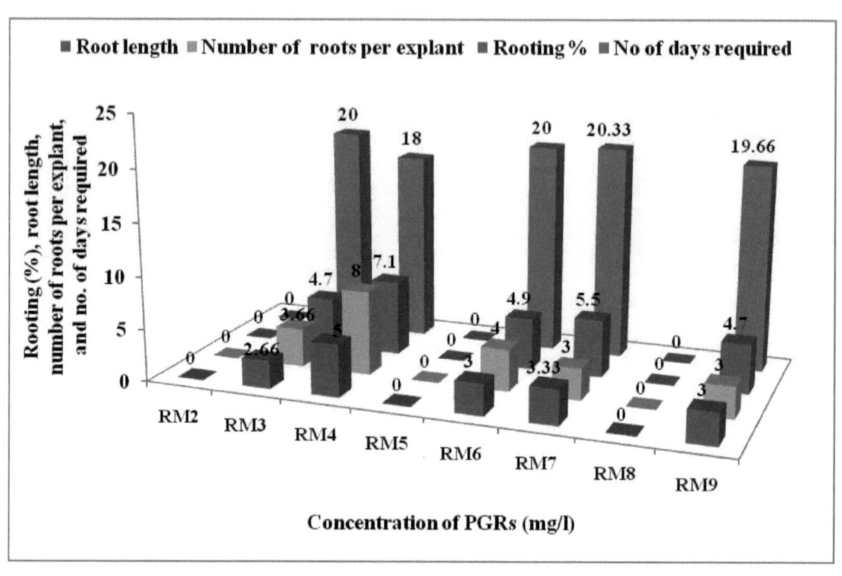

Fig 5 Efeito de diferentes concentrações de IAA e IBA no comprimento da raiz, número de raízes por explante, percentagem de enraizamento e número de dias necessários para o enraizamento *in vitro*.

Quadro 11 Efeito de diferentes concentrações de auxinas fornecidas isoladamente ou em combinação sobre

indução de raízes *in vitro*:

Tratamento -nts	Reguladores de crescimento das plantas (mg/l)	Número de dias necessários para o enraizamento	Percentagem de enraizamento	Número de raízes por rebento	Comprimento da raiz
RM1	Controlo	-	-	-	-
RM2	IAA + IBA (0,0 + 0,5)	-	-	-	-
RM3	IAA + IBA (0,0 + 1,0)	20.00 ± 0.58	4.77 ± 0.90	3.67 ± 0.92	2.67 ± 0.67
RM4	IAA + IBA (0,0 + 2,0)	18.00 ± 0.58	7.12 ± 0.41	8.00 ± 0.58	5.00 ± 0.58
RM5	IAA + IBA (0,5+0,0)	-	-	-	-
RM6	IAA + IBA (1.0 + 0.0)	20.00 ± 0.58	4.91 ± 0.33	4.00 ± 0.58	3.00 ± 0.58
RM7	IAA + IBA (2.0 + 0.0)	20.33 ± 0.92	5.52 ± 0.53	3.00 ± 0.58	3.33 ± 0.33
RM8	IAA + IBA (1,0 + 0,5)	-	-	-	-
RM9	IAA + IBA (1.0 + 1.0)	19.67 ± 0.92	5.52 ± 0.53	3.00 ± 0.58	3.00 ± 0.58
	$CD0_{.05}$	1.71	1.36	1.55	1.47

Os valores representam Média ± SE, n=10 (os dados de % de regeneração radicular são valores transformados angularmente)

4.1.5 Efeito dos substratos no endurecimento:

Para o crescimento e sobrevivência de plântulas cultivadas *in vitro*, é provável que um ambiente semelhante ao existente na natureza seja o mais adequado após a transferência (Zeng *et al.*, 2011). Para o endurecimento e estabelecimento das plântulas em condições naturais, as plântulas bem enraizadas foram transferidas para vasos contendo diferentes substratos - areia: solo: vermicomposto (1:2:1), areia: Solo: FYM (1:2:1) e Areia: Turfa: solo (1:1:1). As microplantas endurecidas em vasos de plástico cheios de areia: solo: vermicomposto (1:2:1) cobertos com sacos de polietileno apresentaram a maior taxa de sobrevivência de 73,33% e a menor taxa de sobrevivência de 23,33% foi observada em Areia: Turfa: solo (1:1:1) (Placa 10).

De forma semelhante, também foi registada uma taxa de sobrevivência de 73% em *Pittosporum eriocarpum* (Thakur *et al.*, 2016). O efeito benéfico do vermicomposto no crescimento e aclimatação também foi observado para *Bacopa monnieri* (Sharma, 2005), *Chlorophytum borivilanum* (Kumar *et al.*, 2010) e *Tylophoria indica* (Rani e Rana, 2010). Em muitos outros taxa, foi registada uma elevada taxa de mortalidade de plantas cultivadas *in vitro* quando transferidas para condições naturais de campo, uma vez que possuem um sistema radicular fraco nesta fase (Mathur *et al.*, 2008; Chandra *et al.*, 2010).

4.2 Estudar a fidelidade genética de plantas cultivadas *in vitro* utilizando marcadores RAPD e ISSR:

A presente experiência foi realizada para avaliar a variação genética entre a planta-mãe e as plantas cultivadas *in vitro* de *Gloriosa superba.* Os primers RAPD e ISSR da série GCC foram utilizados para avaliar o polimorfismo.

4.2.1 Isolamento do ADN genómico total da planta-mãe e de plantas cultivadas *in vitro*:

O ADN genómico total foi isolado das folhas jovens das plantas-mãe e das plantas cultivadas *in vitro*, utilizando o método CTAB (Doyle e Doyle, 1987) com ligeiras modificações para remover os polifenóis. Os resultados da eletroforese em gel de agarose mostraram a presença de bandas de ADN tanto nas plantas-mãe como nas plantas *in vitro*.

4.2.2 Purificação do ADN genómico total da planta-mãe e de plantas cultivadas *in vitro*:

O ADN genómico isolado foi então purificado para remover a contaminação de ARN e proteínas através do tratamento com RNase e PCI (Fenol: Clorofórmio: Isoamilo).

4.2.3 Quantificação do ADN purificado isolado da planta-mãe e de plantas cultivadas *in vitro*:

A concentração de ADN purificado da planta-mãe e da planta cultivada *in vitro* foi medida utilizando o espetrofotómetro UV- VIS.

4.2.4 Amplificação do ADN da planta-mãe e da planta cultivada *in vitro* utilizando o iniciador RAPD:

A amplificação do ADN das plantas-mãe e das plantas cultivadas *in vitro* de *Gloriosa superba* foi efectuada utilizando iniciadores RAPD.

Dos 10 iniciadores selecionados, apenas 2 iniciadores, nomeadamente GCC114 e GCC111, produziram amplificação. Finalmente, foram utilizados 2 primers RAPD ancorados para a análise da diversidade genética entre 4 amostras de plantas cultivadas *in vitro* e a planta-mãe. Os dados relativos a cada iniciador RAPD correspondente à planta-mãe e à planta *in vitro* foram registados como bandas presentes (pontuadas como e ausentes (pontuadas como 0). A Tabela 4.4 mostra os pormenores das bandas marcáveis obtidas através de estudos RAPD entre plantas-mãe e plantas cultivadas *in vitro* de *Gloriosa superba*.

Placa 9. Endurecimento de plântulas cultivadas *in vitro*

(a) Planta endurecida após 10 dias em substrato areia: solo: vermicomposto (1: 2:1)

(b) Planta endurecida após 2 semanas

Tabela 12 Bandas, monomorfismo e polimorfismo revelados por RAPD-PCR:

N.º Sr.	Código da cartilha	Número total de bandas	Bandas monomórficas	Bandas polimórficas	Tamanho aproximado (bp)
1.	GCC114	4	3	1	600, 400, 350, 300
2.	GCC111	1	1	0	490

A impressão digital de ADN mediada por RAPD tem sido amplamente utilizada para a deteção de polimorfismo entre as plantas medicinais micropropagadas (Lattoo *et al.*, 2006; Ramesh *et al.*, 2011).

4.2.5 Análise do padrão RAPD das plantas-mãe e das plantas cultivadas *in vitro*

4.2.5.1 Padrão RAPD com GCC114

O iniciador GCC114 produziu um total de 4 bandas detectáveis, das quais 3 eram monomórficas e 1 era polimórfica, ou seja, a banda estava ausente da linha ou numa posição diferente da linha. O tamanho das bandas amplificadas variava entre 300 pb e 600 pb (placa 11).

4.2.5.2 Padrão RAPD com GCC111

O padrão de bandas RAPD do GCC111 produziu uma banda marcante com um tamanho de 490 pb. Verificou-se que a banda era monomórfica (placa 12).

4.2.6 Caracterização molecular através de marcadores RAPD

4.2.6.1 Matriz de similaridade (coeficiente de Jaccard) para primers RAPD

Os fragmentos RAPD obtidos após a amplificação do ADN genómico das plantas-mãe e das plantas cultivadas *in vitro* foram classificados como 1 (presença de banda) e 0 (ausência de banda) para cada planta. A matriz assim obtida foi analisada com o software NTSYS-pc, utilizando o coeficiente de Jaccard para calcular a matriz de semelhança entre as plantas-mãe e as plantas cultivadas *in vitro*. O valor do coeficiente de similaridade variou de 0,833 a 1,000 (Tabela 4.5).

Tabela 4.5 Coeficiente de similaridade de Jaccard para o iniciador RAPD:

	PM	IV1	IV2	IV3	IV4
PM	1.000				
IV1	1.000	1.000			

IV2	0.833	0.833	1.000		
IV3	1.000	1.000	0.833	1.000	
IV4	1.000	1.000	0.833	1.000	1.000

(MP= Planta-mãe, IV= Planta cultivada *in vitro*)

4.2.6.2 Análise de agrupamentos com base no perfil RAPD (Dendrograma)

A distância genética entre pares foi determinada com base no coeficiente de Jaccard. A pontuação combinada de todos os iniciadores RAPD informativos foi utilizada para agrupar as plantas-mãe e *in vitro* através do método Unweighted Pair Group Method with Arithmetic average (UPGMA), utilizando o módulo SAHN do NTSYS-pc versão 2.02. A semelhança genética entre as plantas-mãe e *in vitro* é apresentada num dendrograma (Fig.4.6).

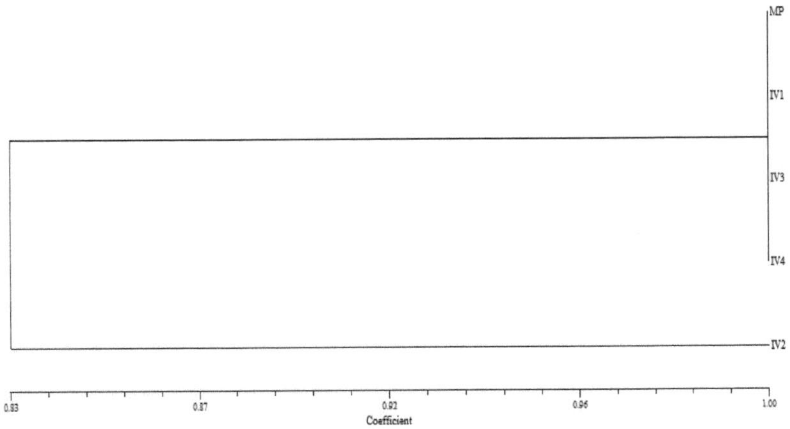

Fig 6 Dendrograma ou gráfico de árvore da planta-mãe e das plantas *in vitro* com base na análise RAPD utilizando UPGMA.

L
MP
IV1
IV2
IV3
IV4
1000bp
900bp
800bp
700bp
600bp
500bp
400bp
300bp
200bp
100bp

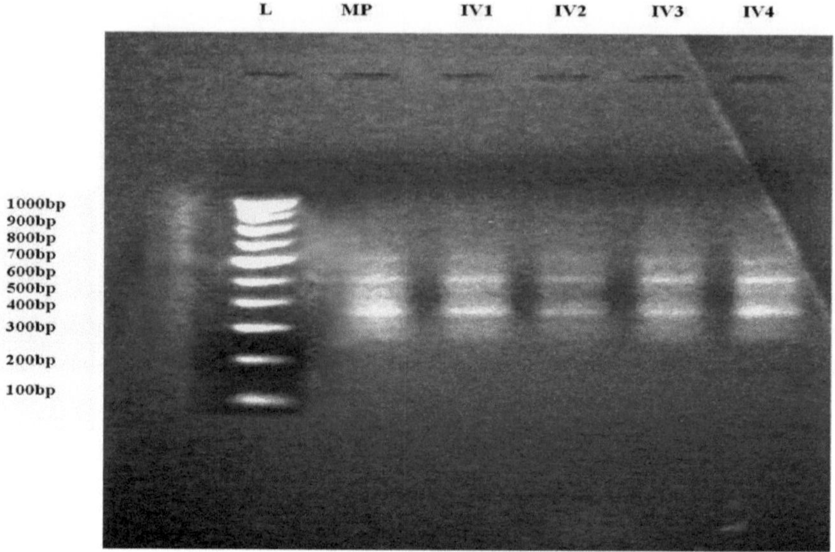

Placa 10. Padrão RAPD da planta-mãe (MP) e das plantas cultivadas *in vitro* de *Gloriosa superba* gerado pelo iniciador GCC114

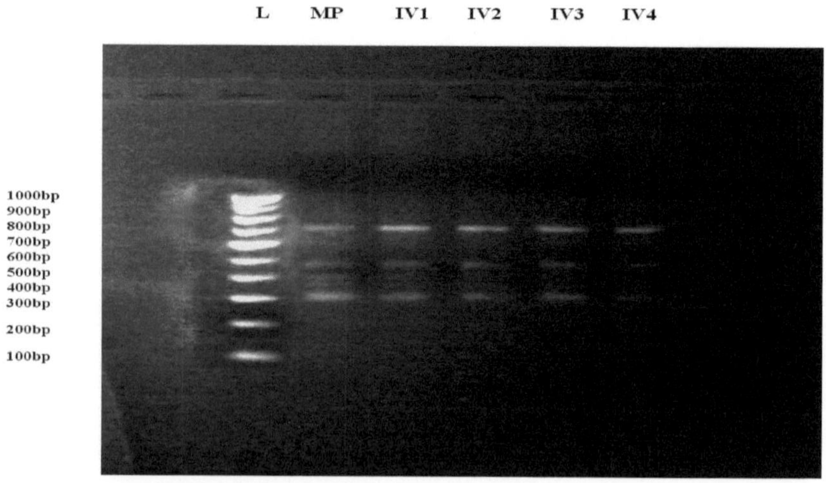

L
MP
IV1
IV2
IV3
IV4
1000bp
900bp
800bp
700bp
600bp
500bp
400bp
300bp
200bp
100bp

Placa 11. Padrão RAPD da planta-mãe (MP) e das plantas cultivadas *in vitro* de *Gloriosa superba* gerado pelo iniciador GCC111

As semelhanças genéticas entre quatro amostras *in vitro* e a planta-mãe foram estimadas de acordo com os dados RAPD. O coeficiente de Jaccard mostrou que três amostras *in vitro*, ou seja, IV1, IV3 e IV4, eram 100 % semelhantes à planta-mãe e IV2 apresentava 83% de semelhança.

4.2.7 Amplificação do ADN da planta-mãe e da planta cultivada *in vitro* utilizando o iniciador ISSR:

A amplificação do ADN das plantas-mãe e das plantas cultivadas *in vitro* de *Gloriosa superba* foi efectuada utilizando iniciadores ISSR. Dos 7 iniciadores selecionados, apenas 2 iniciadores, nomeadamente GCC810 e GCC846, produziram amplificação. Finalmente, foram utilizados 2 primers ISSR ancorados para a análise da diversidade genética entre 4 amostras de plantas cultivadas in vitro e a planta-mãe.

Os dados relativos a cada iniciador ISSR correspondente à planta-mãe e à planta *in vitro* foram registados como bandas presentes (classificadas como 1) e ausentes (classificadas como 0). Os pormenores das bandas marcáveis obtidas através de estudos ISSR entre plantas-mãe e plantas cultivadas *in vitro* de *Gloriosa superba* são apresentados a seguir.

Tabela 13 Bandas, monomorfismo e polimorfismo revelados por ISSR-PCR:

N.º Sr.	Código da cartilha	Número total de bandas	Bandas monomórficas	Bandas polimórficas	Intervalo de tamanho aproximado (bp)
1.	GCC810	3	2	1	600, 500, 350
2.	GCC846	3	3	0	700, 490, 300

Os ISSR têm sido utilizados para detetar variações somaclonais em muitas plantas micropropagadas económicas, como *Simmondsia chinensis* (Kumar *et al.*, 2011), porta-enxertos de macieira (Pathak e Dhawan, 2012), gerbera (Bhatia *et al.*, 2009), *Platanus acerifolia* (Huang *et al.*, 2009). Kumar *et al.*, 2011, analisaram um total de 48 iniciadores (32 RAPD e 16 ISSR), dos quais 24 iniciadores RAPD e 13 ISSR produziram um total de 191 amplicons claros, distintos e reprodutíveis em *Simmondsia chinensis*. Singh *et al.*, 2013 também observaram bandas monomórficas entre os regenerantes e a planta-mãe de *Dendrocalamus asper* contra vários marcadores baseados em ADN. Muitos investigadores registaram a estabilidade genética de várias culturas micropropagadas, nomeadamente *Bambusa balcooa* (Negi e Saxena, 2010), *Anethum graveolens* (Jana e Shekhawat, 2011), *Zingiber rubens* (Mohanty *et al.*, 2011) e *B. monnieri* (Ramesh *et al.*, 2011).

4.2.8. Análise do padrão ISSR das plantas-mãe e das plantas cultivadas *in vitro*

4.2.8.1 Padrão ISSR com GCC810

O padrão de bandas ISSR com GCC810 produziu 3 bandas identificáveis, das quais 2 eram monomórficas e uma era polimórfica, com um tamanho que variava entre 350 pb e 600 pb (placa 13).

4.2.8.2 Padrão ISSR com GCC846

Com o iniciador GCC846, obteve-se um total de 3 bandas, todas monomórficas, com um tamanho que variava entre 300 pb e 700 pb (placa 14).

4.2.9 Caracterização molecular através de marcadores ISSR

4.2.9.1 Matriz de similaridade (coeficiente de Jaccard) para primers ISSR

Os fragmentos ISSR obtidos após a amplificação do ADN genómico das plantas-mãe e das plantas cultivadas *in vitro* foram classificados como 1 (presença de banda) e 0 (ausência de banda) para cada planta. A matriz assim obtida foi analisada com o software NTSYS-pc, utilizando o coeficiente de Jaccard para calcular a matriz de semelhança entre as plantas-mãe e as plantas cultivadas *in vitro*. O valor do coeficiente de similaridade variou de 0,800 a 1,000 (Tabela 4.7).

Quadro 14 Coeficiente de similaridade de Jaccard para o iniciador ISSR:

	PM	IV1	IV2	IV3	IV4
PM	1.000				
IV1	1.000	1.000			
IV2	0.800	0.800	1.000		
IV3	0.800	0.800	0.800	1.000	
IV4	1.000	1.000	0.800	0.800	1.000

(MP= Planta-mãe, IV= Planta cultivada *in vitro*)

Análise de agrupamento com base no perfil ISSR (Dendrograma)

A distância genética entre pares foi determinada com base no coeficiente de Jaccard. A pontuação combinada de todos os iniciadores ISSR informativos foi utilizada para agrupar as plantas-mãe e *in vitro*, utilizando o método Unweighted Pair Group Method with Arithmetic average (UPGMA), com recurso ao módulo SAHN do NTSYS-pc versão 2.02. A semelhança genética entre as plantas-mãe e *in vitro* é apresentada num dendrograma (Fig.4.7).

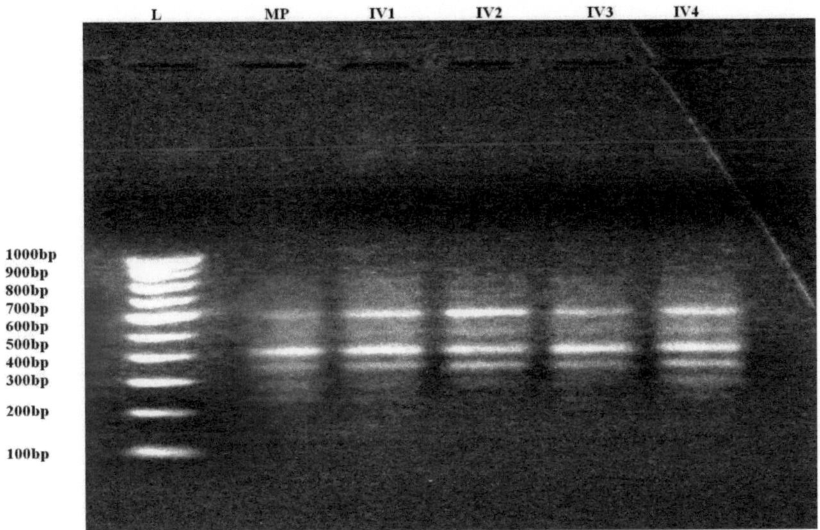

Placa 12. Padrão ISSR da planta-mãe (MP) e das plantas cultivadas in vitro de *Gloriosa superba* gerado pelo iniciador GCC810

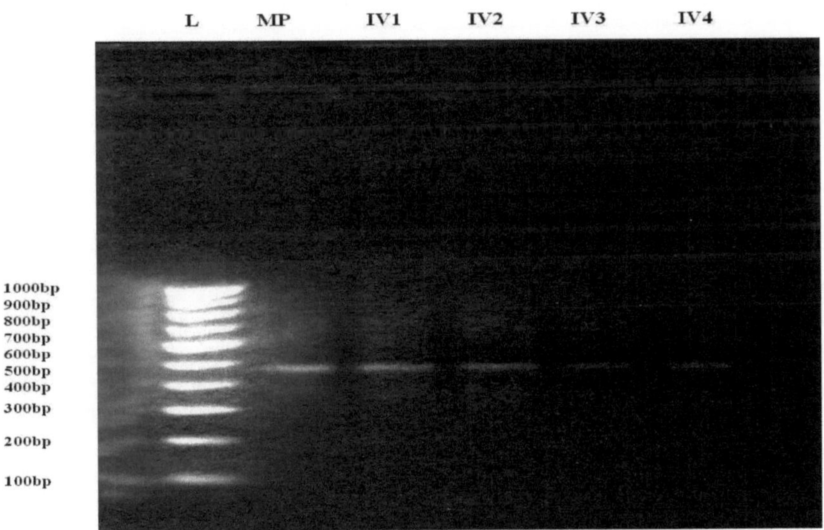

Placa 13. Padrão ISSR da planta-mãe (MP) e das plantas cultivadas in vitro de *Gloriosa superba* gerado pelo iniciador GCC846

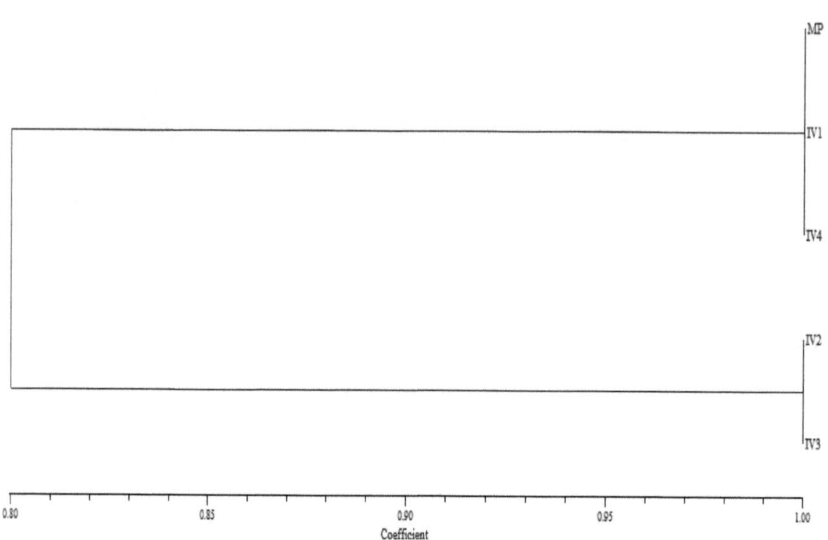

Fig 7 Dendrograma ou Tree plot da planta-mãe e das plantas *in vitro* com base na análise ISSR utilizando UPGMA.

As semelhanças genéticas entre quatro plantas *in vitro* e a planta-mãe foram estimadas de acordo com a

Dados ISSR. O coeficiente de Jaccard mostrou que duas amostras *in vitro*, ou seja, IV1 e IV4, eram 100

% de semelhança com a planta-mãe e IV2 e IV3 apresentaram 80% de semelhança com a planta-mãe, enquanto estas duas eram 100% semelhantes entre si.

4.3 Estudos fitoquímicos preliminares:

A presente investigação foi efectuada para comparar a concentração de diferentes metabolitos secundários da planta-mãe e de plantas cultivadas *in vitro* de *Gloriosa superba*. As plantas para a estimativa fitoquímica foram selecionadas de acordo com a morfologia.

4.3.1 Preparação do extrato:

O extrato de folhas e caules frescos da planta-mãe e das plantas cultivadas *in vitro* foi preparado utilizando diferentes solventes (acetona e metanol).

4.3.2 Estimativa quantitativa do teor de fenólicos totais (TPC):

Os extractos metanólico e de acetona das folhas e do caule das plantas-mãe e das plantas cultivadas *in vitro* apresentaram variações no conteúdo fenólico. O extrato metanólico das folhas da planta-mãe apresentou um teor fenólico mais elevado (93,80±0,22 mg GAE/g) do que nas plantas cultivadas *in vitro*. O teor fenólico mais baixo foi registado no extrato de acetona do caule de plantas cultivadas *in vitro* (19,73±0,33 mg GAE/g) (Quadro 4.8, Fig. 4.8 e Fig. 4.9). Foram registadas observações semelhantes em *Salacia chinensis* (Chavan *et al.*, 2012) e *Hypochaeris radicata* (Senguttuvan *et al.*, 2014), onde o extrato de metanol das partes da folha e da raiz apresentou um teor de fenólicos mais elevado do que o de outro extrato de solvente.

Tabela 15 Determinação do teor de fenólicos totais em *Gloriosa superba* utilizando folhas e caules com diferentes solventes (metanol e acetona):

Extrato / Solventes	Planta-mãe (mg GAE/ g)		Plantas cultivadas *in vitro* (mg GAE/ g)	
	Folha	Caule	Folha	Caule
Metanol	93.80±0.31	65.78±0.41	87.31±0.22	45.68±0.16
Acetona	88.61±0.22	67.85±0.17	79.90±0.21	19.73±0.33
CD0.05	0.77	0.77	0.56	0.56

4.3.3 Estimativa quantitativa do teor de flavonóides totais (TFC):

Os extractos metanólico e de acetona das folhas e do caule das plantas-mãe e das plantas cultivadas *in vitro* apresentaram variações no teor de flavonóides. A solubilidade dos flavonóides foi significativamente afetada pelo solvente utilizado para a extração e estes resultados estão de acordo com os resultados obtidos para *Asimina tribloba* (Harris e Brannan, 2009) e *S. chinensis* (Chavan *et al.*, 2012). O extrato metanólico das folhas da planta-mãe apresentou uma maior concentração de flavonóides, i.e.
11,47±0,26 mg QE/g. O extrato de acetona do caule de plantas cultivadas *in vitro* apresentou a menor concentração de flavonóides, ou seja, 1,50±0,00 mg QE/g (Tabela 4.9, Fig. 4.10 e Fig. 4.11). Os mesmos resultados também são relatados em *Dendrobium nobile* (Bhattacharyya *et al.*, 2014), onde o extrato de folhas em metanol apresentou um teor mais elevado de flavonóides.

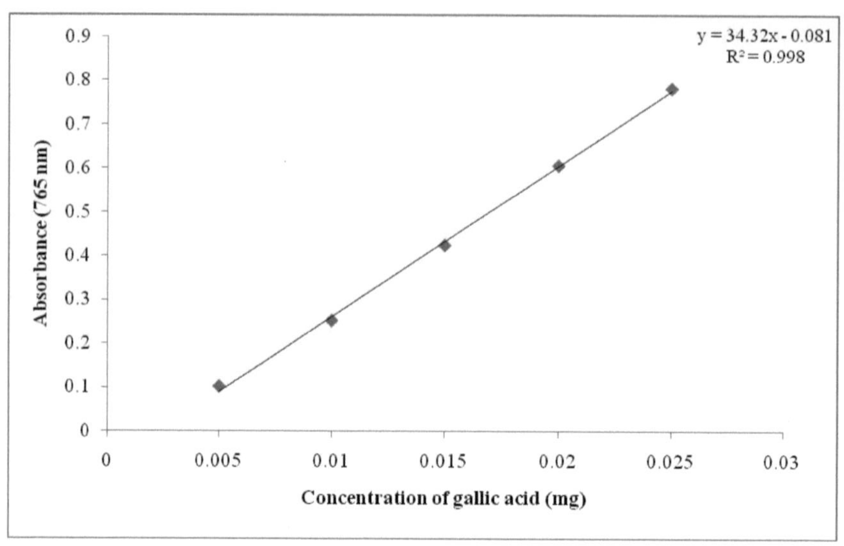

Fig 8 Curva-padrão para o ácido gálico

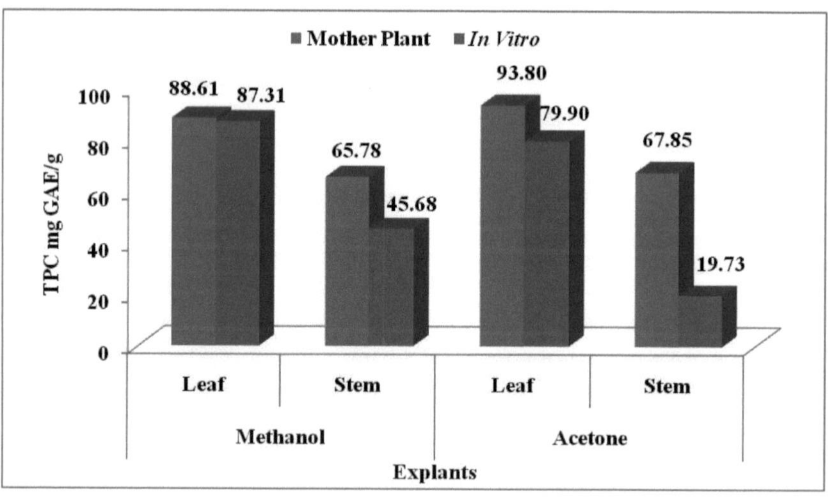

Fig 9 Comparação da TPC entre a planta-mãe e a planta cultivada *in vitro*

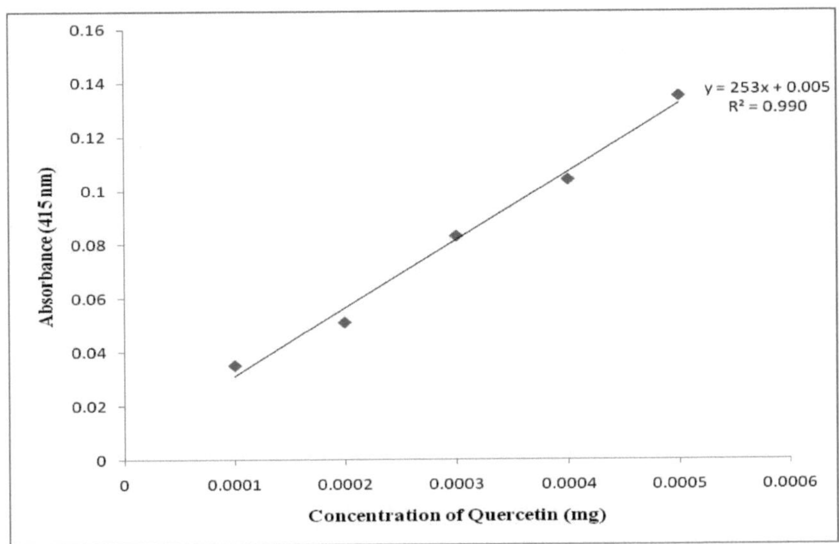

Fig 10 Curva-padrão para a quercetina

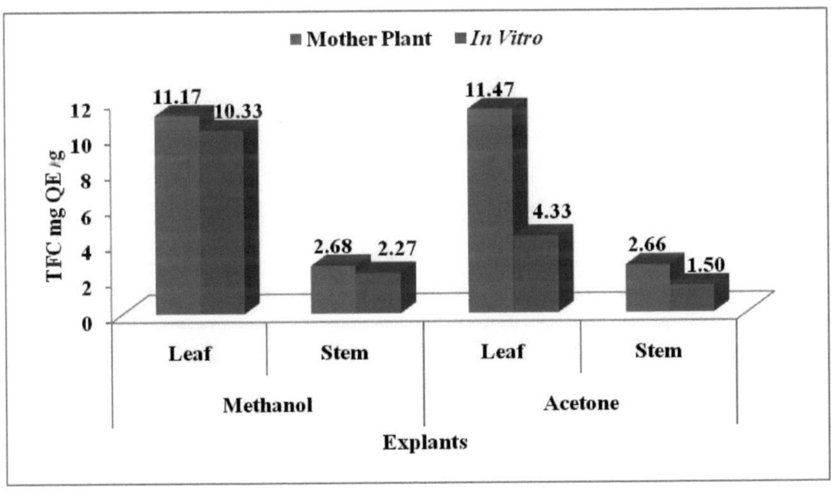

Fig 11 Comparação do TFC entre a planta-mãe e a planta cultivada *in vitro*

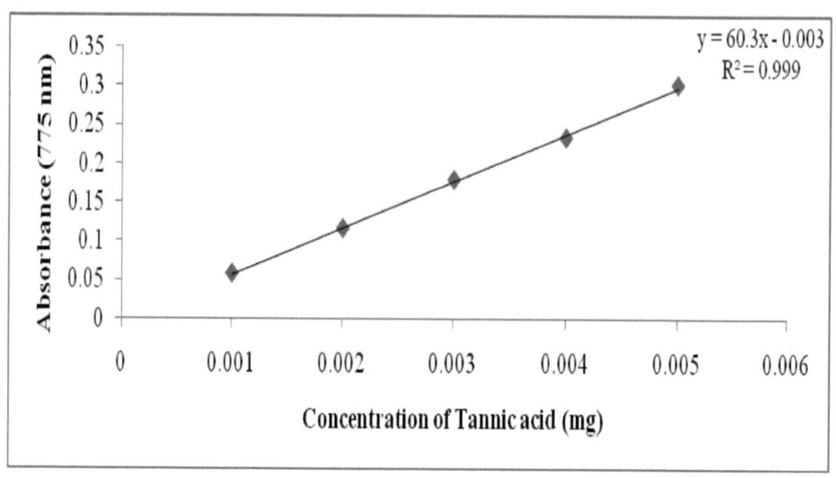

Fig 12 Curva-padrão para o ácido tânico

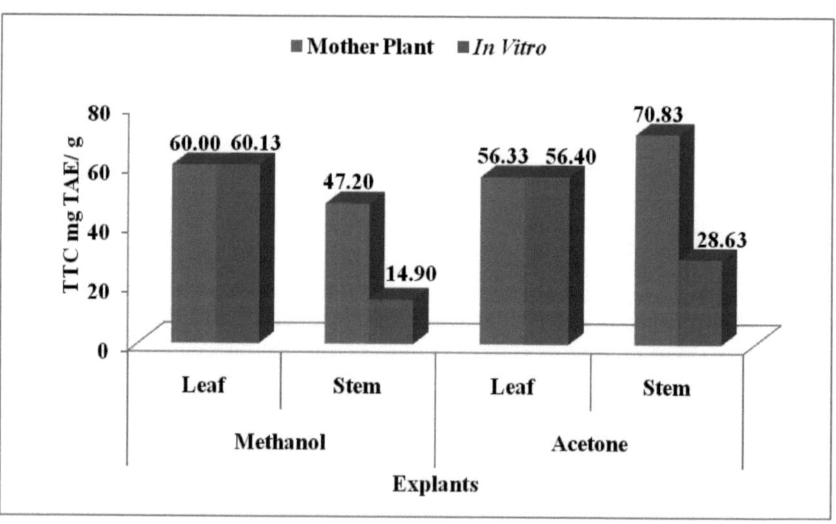

Fig 13 Comparação do TTC entre a planta-mãe e a planta cultivada *in vitro*

Tabela 16 Determinação do teor de flavonóides totais em *Gloriosa superba* utilizando folhas e caules com diferentes solventes (metanol e acetona):

Extrato / Solventes	Planta-mãe (mg QE/ g)		Plantas cultivadas *in vitro* (mg QE/ g)	
	Folha	Caule	Folha	Caule
Metanol	11.47±0.16	2.68±0.09	10.33±0.16	2.27±0.14
Acetona	11.17±0.26	2.66±0.07	4.33±0.16	1.50±0.00
$CD0._{05}$	N/A	0.38	0.32	0.32

4.3.4 Estimativa quantitativa do teor de taninos totais (TTC):

Os extractos metanólico e em acetona das folhas e do caule das plantas-mãe e das plantas cultivadas *in vitro* apresentaram variações no teor de taninos. O extrato de acetona do caule da planta-mãe mostrou a maior concentração de taninos (70,83±0,88 mg TAE/g), enquanto o extrato de metanol das folhas das plantas cultivadas *in vitro* mostrou a menor concentração de taninos (14,90±0,20 mg TAE/g DW) (Quadro 4.10, Fig. 4.12 e Fig. 4.13).

Tabela 17 Determinação dos teores de taninos em *Gloriosa superba* utilizando folhas e caules com diferentes solventes (metanol e acetona):

Extrato / Solventes	Planta-mãe (mg GAE/ g)		Plantas cultivadas *in vitro* (mg GAE/ g)	
	Folha	Caule	Folha	Caule
Metanol	60.00±0.57	47.20±0.25	60.13±0.53	14.90±0.20
Acetona	56.33±0.32	70.83±0.88	56.40±0.21	28.63±0.33
CD0.05	1.33	N/A	0.79	0.79

Na presente investigação, os teores de fenólicos, flavonóides e taninos mostraram variações entre a planta-mãe e as plantas cultivadas *in vitro* em diferentes partes da planta (folhas e caule) em diferentes solventes. Estas variações podem dever-se ao conteúdo hormonal, a alterações metabólicas específicas e a alterações fisiológicas endógenas que ocorrem nas plantas. Foram registadas variações semelhantes do teor de fenólicos e flavonóides nas partes das plantas em 12 plantas medicinais das famílias *Asclepiadaceae* e *Periplocaceae* (Surveswaran *et al.*, 2010).

Foi referido anteriormente que os reguladores de crescimento das plantas têm um impacto significativo na regulação das vias biossintéticas nas plantas para a síntese de vários metabolitos. Além disso, registou-se que as plantas cultivadas *in vitro apresentavam* um teor mais elevado de alguns compostos essenciais, como fenólicos, flavonóides e taninos. Os resultados estão em consonância com as conclusões de vários investigadores que também referem que os PGRs podem igualmente influenciar a produção de metabolitos secundários em condições *in vitro* (Kiferle *et al.*, 2011; Mitkowski, 2008). Por exemplo, a acumulação de alcamida e CADs em *Echinacea angustifolia* aumentou após a adição de citocinas ao meio de cultura. Vários factores, como a variação somaclonal, a variação entre plantas no conteúdo químico e a variação nas condições agroclimáticas, são responsáveis pela discrepância global entre as plantas de campo e as plantas *in vitro* (Ciddi, 2006). Parece pertinente aceitar o sistema *in vitro*, que pode servir de fonte alternativa de metabolitos e, por conseguinte, pode ser explorado para a produção eficiente dessas substâncias ao longo do ano, que são farmacologicamente promissoras mas cuja produção é severamente limitada.

LITERATURA CITADA

Ade R e Rai MK. 2009. Revisão: Current advances in *Gloriosa superba* L. *Biodiversitas* 10: 210-214.

Ade R e Rai MK. 2011. Formação de múltiplos rebentos em *Gloriosa superba*: Uma planta medicinal indiana rara e ameaçada de extinção. *Biosci* 3(2): 68-72.

Akter S, Roy PK, Mamun ANK, Islam MR, Kabir MH e Jahan MT. 2014. Regeneração *in vitro* de *Gloriosa superba* L.-Uma planta medicinal superexplorada em Bangladesh. *Nuc Sci e App* 23(1,2).

Alali F, Tawaha K e Qasaymeh RM. 2004. Determinação de colchicinas em *Colchicum steveni* e *C. hierosolymitanum* (colchicaceae): Comparação entre dois métodos analíticos. *Phytochem Anal* 15: 27-29.

Antony CS, Lenin Maxwell S, Bhargav Prasad K, Karthigan M e Ignacimuthu S. 2010. Regeneração altamente eficiente de rebentos de *Bacopa monnieri* (L) utilizando um procedimento de cultura em duas fases e avaliação da integridade genética de plantas micropropagadas por RAPD. *Ata Physiol Plant* 32: 443-452.

Arumugam A e Gopinath K. 2012. Micropropagação *in vitro* usando explantes de broto de cormo: uma planta medicinal ameaçada de *Gloriosa superba* L. *Asian J of Biotechno* 4 (3): 120-128.

Ashokkumar K. 2015. *Gloriosa superba* (L.): Uma breve revisão das suas propriedades fitoquímicas e farmacologia. *Int J Pharm Phyto Res* 7(6): 1190-1193.

Asolkar LV, Kakkar KK e Chakare OJ. 1992. Segundo suplemento ao Glossário de plantas medicinais indianas com princípios activos. Parte-1 (A-K). *Pub and Info Directorate Counc of Scient and Indust Res*, New Delhi.

Asthana P, Jaiswal VS e Jaiswal U. 2011. Micropropagação de *Sapindus trifoliatus* L. e avaliação da fidelidade genética das plantas micropropagadas através da análise RAPD. *Ata Physiol Plant* 33: 1821-9.

Badar Z, Khan S e Rao H. 2017. Análise da fidelidade genética do tipo selvagem e plantas de Aloe Vera regeneradas *in vitro* através de marcadores moleculares RAPD e ISSR. *Int J Biotechno Bioeng* 3(8): 259-267.

Badoni A e Chauhan JS. 2010. Protocolo de esterilização *in vitro* para micropropagação de *Solanum tuberosum* cv. 'Kufri Himaalini'. *Academia Arena* 2: 24-27.

Bag CG, Devi Giranjali P e Bhaigyabati Th. 2015. Avaliação do conteúdo total de flavonóides e atividade antioxidante do extrato metanólico de rizoma de três espécies *de Hedychium* do vale de Manipur. *Int J Pharm Sci Rev Res* 30(1): 154-159.

Beena MR, Martin K, Kirti PB e Moly H. 2003. Propagação rápida *in vitro* de *Ceropegia candelabrum* de importância medicinal. *Plant Cell Tiss Organ Cult* 72(3): 285-289.

Benmahioul B, Dorion N, Kaid-Harche M e Daguin F. 2012. Micropropagação e *ex vitro* enraizamento de pistácio (*Pistacia vera* L.). *Plant Cell Tiss Organ Cult* 108: 353-358.

Bhagat N. 2011. Conservação de uma planta medicinal ameaçada (*Acorus calamus*) através da cultura de tecidos vegetais. *J Pharmaco* 2(1): 21-24.

Bhatia R, Singh KP, Jhang T e Sharma TR. 2009. Assessment of clonal fidelity of micropropagated Gerbera plants by ISSR markers (Avaliação da fidelidade clonal de plantas de gerbera micropropagadas por marcadores ISSR). *Sci Hortic* 119: 208-11.

Bhattacharya P, Kumaria S, Diengdoh R e Tandon P. 2014. Estabilidade genética e análise fitoquímica de plantas regeneradas *in vitro* de *Dendrobium nobile* Lindl., uma orquídea medicinal ameaçada de extinção. *Meta Gene* 489-504.

Bose TK e Yadav LP. 1989. Commercial Flowers. Nayaprakash, Kolkata.

Chandra S, Bandopadhyay R, Kumar V e Chandra R. 2010. Acclimatização de plântulas cultivadas em tecidos: do laboratório para a terra. *Biotechnol Lett.* 32: 1199-1205.

Chang C, Yang M, Wen H e Chern J. 2002. Estimativa do conteúdo total de flavonóides na própolis por dois métodos colorimétricos complementares. *J Food and Drug Anal* 10(3): 178-182.

Chattarjee T e Ghosh B. 2015a. Um método eficiente de propagação *in vitro* de *Gloriosa superba* L.- uma planta medicinal ameaçada de extinção. *Plant Sci Res* 37(1,2): 18-23.

Chatterjee T e Ghosh B. 2015b. Protocolo simples para micropropagação e conservação *in vitro* de *Plumbago zeylanica* L: uma importante planta medicinal indígena. Int J Bio- resource and Stress Manag 6: 68-75.

Conselho Estatal de Plantas Medicinais de Chattisgarh (CSMPB). 2006. Flora ameaçada de extinção. *Sítio Web*: www.cgvanoushadhi.gov.in.

Chavan JJ, Jagtap UB, Gaikwad NB, Dixit GB e Bapat VA. 2012. Fenolica total, flavonóides e atividade antioxidante da polpa do fruto de Saptarangi (*Salacia chinensis* L.). *J Plant Biochem Biotechnol* 4: 409-413.

Chitra R e Rajaman K. 2010. Associação de caracteres e análise de caminhos do lírio-da-glória (*Gloriosa superba* L.). *Commn em Biometria e Crop Sci* 5(2): 78-82.

Ciddi V. 2006. Withaferin A de culturas celulares de *Withania somnifera. Indian Journal of Pharmaceutical Sci* 26(6): 490-492.

Clewer HWV, Green SS e Tutin F.1915. Os constituintes da *Gloriosa superba. J Chem Soc* 107: 835-846.

Cochran WG e Cox GM. 1963. Experimental Design. Asian Publishing House, Nova Deli.

Conover CA e Joiner JN. 1963. Resposta de enraizamento de *Pittosporum tobira vareigatum* como afetada pelo ácido 3-indolbutírico, meios de enraizamento e idade da madeira. *Florida State Horticult Soc* 1781: 480-483.

Cui Y, Deng Y, Zheng K, Hu X, Zhu M, Deng X e Xi R. 2019. Um protocolo eficiente de micropropagação para uma espécie de árvore ornamental ameaçada de extinção (*Mangolia sirindhorniae* Noot. e Chalermglin) e avaliação da uniformidade genética através de marcadores de

DNA. *Sci Reports* 9: 9634.

Custers JBM e JHW Bergervoet. 1994. Micropropagação de *Gloriosa superba*: Rumo a um protocolo prático. *Scientia Horticlturae* 57: 323-334.

Dadsena R, Sahu KN, Agrwal S e Kumar A. 2013. Análise fitoquímica de três plantas ameaçadas de extinção (*Costus specious*, *Gloriosa superba* Linn e *Rauwolfia serpentine* (Linn) Benth) do distrito de Kanker de Chattisgarh, Índia. *An Int Quarterly J Life SCi (The Bioscan)* 8(2): 655-659.

Daud NH, Jayaraman S e Mohamed R. 2012. Uma técnica melhorada de esterilização de superfície para a introdução de folhas, nódulos e sementes de *Aquilaria malaccensis* de fontes de campo em cultura de tecidos. *Asia Pacific J of Mol Bio and Biotechno* 20: 55-58.

Devi SP, Kumaria S, Rao SR e Tandon P. 2013. Propagação *in vitro* e avaliação da fidelidade clonal de Nepenthes khasiana Hook. f.: uma planta medicinal insectívora da Índia. *Ata Physiol Plant* 35: 2813-2820.

Dhar U, Upreti J e Bhatt ID. 2000. Micropropagação de *Pittosporum napaulensis* (DC.) Rehder e Wilson - uma árvore medicinal rara e endémica dos Himalaias. *Plant Cell Tiss Organ Cult* 63: 231-235.

Doyle JJ e Doyle JL. 1987. Um procedimento rápido de isolamento de DNA para pequenas quantidades de tecido foliar fresco. *Phytochem Bulletin* 19: 11-15.

Faisal M, Siddique I e Anis M. 2006. Um sistema eficiente de regeneração de plantas para *Mucuna prureins* L. (DC.) utilizando explantes de nós cotiledonares. *In vitro Cellular and Devpt Bio Plant* 42(1): 59-64.

Finnie JF e Van Staden J. 1989. Propagação *in vitro* de *Sandersonia* e *Gloriosa*. *Plant Cell Tiss Org Cult* 19: 151-158.

Finnie JF e Van Staden J. 1994. Micropropagação de *Gloriosa* e *Sandersonia*. J *Plant Cell Tiss Org Cult* 19: 151-158.

Fracaro F e Echeverrigaray S. 2001. Micropropagação de *Cunila galioides*, uma planta medicinal popular do Sul do Brasil. *Plant Cell Tiss Organ Cult* 64: 1-4.

Fransworth NR. 1966. Biochemical and phytochemical screening of plants. *J. Pharm Sci* 35: 255-276.

Gautheret RJ. 1983. Cultura de tecidos vegetais: A history. *Bot Mag* 96: 393-410.

Ghosh S, Ghosh B e Jha S. 2006. O cloreto de alumínio aumenta a produção de colchicinas em culturas de raízes de *Gloriosa superba*. *Biotech Lett* 28:497-503.

Gislene G, Nascimento F, Locatelli J, Freitas PC e Silva GL. 2000. Atividade antibacteriana de extratos vegetais e fitoquímicos sobre bactérias resistentes a antibióticos. *Braz. J. Microbiol* 31: 247-256.

Gomez KZ e Gomez AA. 1984. Statistical procedures for agricultural research. John Wiley and Sons, Nova Iorque.

Haque SM e Ghosh B. 2013a. Avaliação de campo e avaliação da estabilidade genética de plantas regeneradas produzidas através de organogénese direta de rebentos a partir de explantes foliares de uma "planta de asma" (*Tylophora indica*) ameaçada de extinção, juntamente com a sua conservação *in vitro*. *Natl Acad Sci Lett* 36: 551-562.

Haroon K, Murad AK, Tahira M e Muhammad IC. 2008. Actividades antimicrobianas de *extractos de Gloriosa superba*. *J Enz Inhibition Med Chem* 22(6): 722-725.

Harris GG e Brannan RG. 2009. Uma avaliação preliminar dos compostos antioxidantes, do potencial redutor e da eliminação de radicais da polpa do fruto da papaia (*Asimia tribloba*) em diferentes estádios de maturação. LWT- *Food Sci Technol* 42: 275-279.

Hassan AKMS e Roy SK. 2005. Micropropagação de *Gloriosa superba* L. através da proliferação de rebentos de alta frequência. *Plant Tiss Cult* 15(1): 67-74.

Hemaiswarya S, Raja R, Anbazhagan C e Thiagarajan V. 2009. Propriedades antimicrobianas e mutagénicas dos tubérculos da raiz de *Gloriosa superba* L. *Pak J Bot* 41: 293-9.

Hu J, Gao X, Liu J, Xie C e Li J. 2008. Regeneração de plantas a partir de calos de pecíolo de *Amorphophallus albus* e análise da variação somaclonal de plantas regeneradas por marcadores RAPD e ISSR. *Botanical Studies* 49:189-97.

Huang WJ, Ning GG, Liu GF e Bao MZ. 2009. Determinação da estabilidade genética de plântulas micropropagadas a longo prazo de *Platanus acerifolia* utilizando marcadores ISSR. *Biol Plant* 53: 159- 63.

Ibrahim MB. 1997. Efeitos antimicrobianos do extrato da folha, caule e casca da raiz de *Anogeissus leiocarpus* em *Staphylococcus aureaus*, *Streptococcus pyogenes*, *Escherichia coli e Proteus vulgaris* *J. Pharma. Devpt*. 2: 20-30.

Isah T. 2019. Morfogénese de rebentos *in vitro* de novo a partir de culturas de calos induzidas por pontas de rebentos de
Gymnema sylvestre (Retz.) R.Br. ex Sm. *Biol Res* 25: 3.

Jaccard P. 1908. Nouvelles recherchés surla distribution florale. *Bull Soc Vaud Sci Nat* 44: 223- 270.

Jagtap S e Satpute R. 2014. Triagem fitoquímica, análise antioxidante, antimicrobiana e flavonoide de extratos de rizoma de *Gloriosa superba* L.. *J Acad Indst Res* 3(6): 247-254.

Jain SP, Verma DN, Singh SC, Singh JS e Kumar S. 2000. *Flora of Haryana*, CIMAP, Lucknow.

Jana S e Shekhawat GS. 2011. Os reguladores de crescimento das plantas, o sulfato de adenina e os hidratos de carbono regulam a organogénese e a floração *in vitro* de *Anethum graveolens*. *Ata Pysiol Plant* 33: 305-311.

Jasmine JAP e Balakrishnan V. 2018. Análise intraespecífica de *Gloriosa superba* L. através de impressão digital ISSR e sequenciamento de DNA de ecótipos coletados de diferentes acessos de Tamil Nadu, Índia. *Res Plant Biol* 8: 17-21.

Jusaitis M. 1997. Micropropagação de *Swainsona Formosa* adulta (Leguminosae: Papilionoideae: galegeae). *In vitro Cellular and Devpt Bio Plant* 33(3): 213-220.

Kahate PM. 2017. Multiplicação de rebentos *in vitro* através da cultura de *Gloriosa superba* L., uma planta medicinal ameaçada da Reserva de Tigres de Melghat, Maharashtra, Índia. *Int J* of *Life Sci*

Edição Especial A8: 33-36.

Kala C, Farooquee N e Dhar U. 2004. Priorização de plantas medicinais com base nos conhecimentos disponíveis, práticas existentes e valor de uso em Uttaranchal, Índia. *Biodiver Conserv* 12(2): 453-469.

Khan H, Khan MA e Mahmood T. 2008. Actividades antimicrobianas de extractos *de Gloriosa superba* L.. *J Enzy Inhibt Med Chem* 6: 855-859.

Khandel AK, Khan S, Ganguly S e Bajaj A. 2011. Iniciação de rebentos *in vitro* a partir de rebentos apicais e meristemas de *Gloriosa superba* L.- Uma erva medicinal em vias de extinção de elevado valor comercial. *Investigador* 3(11): 36-45.

Kiferle C, Lucchesini M, Mensauli-Sodi A, Maggini R, Raffaelli A e Pardossi A. 2011. Teor de ácido rosmarínico em plantas de manjericão cultivadas *in vitro* e em hidroponia. *Central European J of Bio* 6(6): 946-957.

Krause J. 1986. Produção de tubérculos *de Gloriosa* a partir de sementes. *Ata Hortic* 177: 353-360.

Kumar A, Aggarwal D, Gupta P e Reddy, MS. 2010. Factores que afectam a propagação *in vitro* e o estabelecimento no terreno de *Chlorophytum borivilianum*. *Biologia Plantarum* 54: 601-606.

Kumar NC, Jadhav SK, Tiwari KL e Afaque Q. 2015. Tuberização *in vitro* e análise do conteúdo de colchicinas de *Gloriosa superba* L. *Biotechno* 14: 142-147.

Kumar S e Singh N. 2009. Micropropagação de *Prosopis cineraraia* (L.) Druce- Uma árvore do deserto multiuso. *Investigador* 1(3): 28-32. (ISSN: 1553-9865).

Kumar S, Mangal M, Dhawan AK e Singh N. 2011. Avaliação da fidelidade genética de plantas micropropagadas de *Simmondsia chinensis* Schneider utilizando marcadores RAPD e ISSR. *Ata Physiol Plant* 33: 2541-2545.

Kumbhare MR, Guleha V, Udavant PB, Dhake AS e Surana AR. 2012. Atividade antioxidante *in vitro*, rastreio fotoquímico, citotoxicidade e teor fenólico total em extractos de vagens de *Caesalpinia pulcherrima (*Caesalpiniaceae). *Pak J Biol Sci* 15: 325- 332.

Lakshmanan V, Reddampalli Venkataramareddy S e Neelwarne B. 2007. Análise molecular da estabilidade genética em rebentos de bananeira micropropagados a longo prazo utilizando marcadores RAPD e ISSR. *Electron J Biotechnol* 10: 106-113.

Lal D, Singh N e Yadav, K. 2010. Estudos *in vitro* sobre *Celastrus paniculatus*. *J of Tropical and Med Plants* 11: 169-174.

Larkin PJ e Scowcroft WR. 1981. Variação somaclonal - uma nova fonte de variabilidade de culturas celulares para o melhoramento de plantas. *Theor Appl Genet* 60: 178-180.

Lattoo SK, Bamotra S, Saprudhar R, Khan S e Dhar AK. 2006. Regeneração rápida de plantas e análise da fidelidade genética de plantas derivadas *in vitro* de *Chlorophytum arundinaceum* Baker - uma erva medicinal ameaçada de extinção. *Plant Cell Rep* 25: 499-506.

Lien QL, Linh MT, Mai CN, Van TN, Giang HV, Olga C, Nicolaevich VR, Nikolaevna OK e Ban KN. 2018. Um protocolo de micropropagação aprimorado para *Gymnema selvestre* cultivado no Vietnã. *Int J Curr Adv Res* 7(7B): 14011-14015.

Madhavan M e Joseph JP. 2010. Marcador histológico para diferenciar calos organogénicos de calos não organogénicos de *Gloriosa superba* L. *Plant Tiss Cult and Biotechno* 20(1): 1-5.

Mahajan R. 2016. Kapoor N. e Billowwaria P. 2016. Proliferação de calos e organogénese *in vitro* de *Gloriosa superba*: Uma planta medicinal ameaçada de extinção. *Anais de Ciências Vegetais* 5(12): 1466-1471.

Maiti CK, Sen S, Paul AK e Acharya K. 2007. Primeira notificação da doença do míldio foliar da *Gloriosa superba* L. causada por *Alternaria alternata* (Fr.) *Keissler. Ind J Plant Pathol* 73: 377-8.

Malick CP e Singh MB. 1980. Plant Enzymology and Histo Enzymology, Kalyani Publishers, New Delhi: 286.

Maroyi A, Van der Maesen LJ. 2011. *Gloriosa superba* L. (família colchicaceae): Remédio ou veneno? *Med Plants Res* 5: 6112-21.

Martin KP, Pachathudikandi S, Zhang CL, Slater A e Madassery J. 2006. Análise RAPD de uma variante de banana (Musa sp.) cv. Grande naine e a sua propagação através da cultura de pontas de rebentos. *In vitro Cell Dev Bio Plant* 42: 188-192.

Martins M, Sermento D e Oliveira MM. 2004. Estabilidade genética de plântulas de amendoeira micropropagadas avaliada por marcadores RAPD e ISSR. *Plant Cell Rep* 23: 492-496.

Mathur A, Mathur AK, Verma P, Yadav S, Gupta ML e Darokar MP et al. 2008. Endurecimento biológico e teste de fidelidade genética da descendência microclonada de *Chlorophytum borivilianum* Sant. Et Fernard. *Afr J Biotechnol* 7: 1046-1053.

Megala S e Elango R. 2012. Análise de compostos bioactivos de tubérculos e sementes de *Gloriosa superba*
Método GC-MS. *Int J Recent Sci Res* 3(10): 871-873.

Mitkowski A. 2008. Cultura *in vitro* de plantas para a produção de antioxidantes - uma revisão. *Biotechno Advances* 26(6): 548-560.

Mohanty S, Panda MK, Saho S e Nayak S. 2011. Micropropagação de *Gingiber rubens* e avaliação da estabilidade genética através de marcadores RAPD e ISSR. *Biol Plant* 55: 16-20.

Moteriya P, Ram J Rathod T e Chanda S. 2014. Potencial antioxidante e antibacteriano *in vitro* da folha e caule de *Gloriosa superba* L. *Am J Phytomed Cli Therap* 2(6): 773-787.

Mrudul V Shirgurkar, John CK e Rajani Nadgauda S. 2001. Factores que afectam a *produção in vitro de*
produção de microrrizomas em açafrão-da-terra. *Plant cell tiss org cul* 64: 5-11.

Murashigae T e Skoog F. 1962. Um meio revisto para crescimento rápido e bioensaios com culturas de tecidos de tabaco. *Physologia Plantarum* 15: 473-497.

Negi D e Saxena S. 2010. Determinação da fidelidade clonal de plantas cultivadas em cultura de tecidos de
Bambusa balcoa Roxb. utilizando marcadores ISSR. *New For* 40: 1-8.

NMPB, 2014. Procura anual de 32 plantas medicinais prioritárias e respetivas utilizações. Conselho Nacional das Plantas Medicinais (NMPB), Governo da Índia, Nova Deli, Índia.

Olowe O, Adesoye A, Ojobo O, Amusa O e Liamngee S. 2014. Efeitos da esterilização e das fitohormonas na cultura de pontas de rebentos de *Telfairia occidentalis*. *J de Natr Sci Res* 4: 53-58.

Pan RC. 2001. Phytophysiology 4th edn. Imprensa do Ensino Superior, Pequim, China. 176-186.

Panwar GS, Srivastava A e Srivastava KS. 2016. Micropropagação de *Pittosporium eriocarpum* Royle - uma árvore medicinal em perigo de extinção do Noroeste dos Himalaias. *Indian Forester* 142(8): 769-773.

Parray AJ, Kamili NA, Jan S, Mir YM, Shameem N, Ganai AB, Abd_Allah FE, Hashem A e Alqarawi AA. 2018. Manipulação de reguladores de crescimento de plantas em constituintes fitoquímicos e potencial de proteção de DNA da planta medicinal *Arnebia benthamii*. *BioMed Research International*. 8 páginas.

Pathak H e Dhawan V. 2012. ISSR assay for ascertaining genetic fidelity of micropropagated plants of apple roottock Merton 793 [Ensaio ISSR para determinar a fidelidade genética de plantas micropropagadas do porta-enxerto de macieira Merton 793]. *In vitro Cell Dev Biol* 48: 137-43.

Paul A, Thapa G, Basu A, Mazumdar P, Kalita MC e Sahoo L. 2010. Regeneração rápida de plantas, análise da fidelidade genética e teor de óleo aromático essencial de plantas micropropagadas de Patchouli, *Pogostemon cablin* (Blanco) Benth. - uma planta aromática importante a nível industrial. *Ind Crop Prod* 32: 366-74.

Phillips RL, Kaeppler SM e Olhoft P. 1994. Instabilidade genética das culturas de tecidos vegetais: Breakdown of normal controls. *Proc Natl Acad Sci USA* 91: 5222-5226.

Phulwaria M, Rai MK, Harish, Gupta AK, Ram K e Shekhawat NS et al. 2012. Uma micropropagação melhorada de *Terminalia bellerica* a partir de explantes nodais de árvore madura. *Ata Physiol Plant* 34: 299-305.

Ragupathi G. 2016. Triagem fitoquímica e antioxidante de *Gloriosa superb* L. de diferentes posições geográficas do sul da Índia. *Int J de Estudos de Botânica* 1(4): 13-19.

Rajagopalan A e Md Abdul Khader JBM. 1994. Investigação sobre certos aspectos do crescimento, desenvolvimento, produção e qualidade da cultura do lírio-da-glória (*Gloriosa superba* L.). Tese de doutoramento (Hort), Universidade Agrícola de Tamil Nadu, Coimbatore.

Ramesh M, Vijaykumar KP, Karthikeyan A e Pandian SK. 2011. Análise da estabilidade genética baseada em RAPD entre plantas micropropagadas, derivadas de sementes sintéticas e endurecidas de *Bacopa monnieri* (L.): uma erva medicinal indiana ameaçada. *Ata Physiol Plant* 33: 163-71.

Rani S e Rana JS. 2010. Propagação *in vitro* de *Tylophoria indica* influência da estação de explantação, do regulador de crescimento, da energia, da passagem de cultura e do substrato de plantação. *J of American Scie* 6: 385-392.

Rathod D. 2016. Estudos fitoquímicos preliminares comparativos de extractos *in vivo* e *in vitro* de *Gloriosa superba* L. *Int J of Pharma and BioSci* 7(1): 20-23.

Rathore NS, Rai MK, Phulwaria M, Rathore N e Shekhawat NS. 2014. Estabilidade genética em *Cleome gynandra* micropropagada revelada pela análise SCoT. *Ata Physiol Plant* 36: 555- 559.

Ray T, Dutta I, Saha P, Das S e Roy SC. 2006. Genetic staibility of three economicically important banana (*Musa spp.*) cultivars of lower Indo- Gangetic plains, as assessed by RAPD and ISSR markers. *Plant Cell Tiss Org Cult* 85: 11-21.

Rehana banu H e Nagarajan N. 2012. Rastreio fitoquímico de compostos activos em Folhas e tubérculos *de Gloriosa superba. Int J Pharmaco Phytochem Res* 4(1): 17-20.

Rishi A. 2011. Indução de calos *in vitro* e regeneração de plantas saudáveis de *Gloriosa superba* Linn. *I J of Fundam and Applied Life Sci* 1 (1): 64-65.

Rohela GK, Jogam P, Bylla P, Reuben C. 2019. Regeneração indireta e avaliação da fidelidade genética de plântulas aclimatadas por marcadores SCoT, ISSR e RAPD em Rauwolfia tetraphylla L.: Uma planta medicinal ameaçada de extinção. *BioMed Res Int* 14 páginas.

Rohlf FJ. 2000. NTSYS-pc: sistema de taxonomia numérica e análise multivariada, versão 2.1. Exeter Software: Setauket, NY.

Saha PS e Ghosh B. 2014. Micropropagação e floração *in vitro* de *Luffa acutangula* (L.) Roxb.- uma importante cultura hortícola. *Int J Bio-resource and Stress Manag* 5: 12-21.

Saha S, Sengupta C e Ghosh P. 2014. Avaliação da fidelidade genética de plantas propagadas *in vitro* *Ocimum basilicum* L. utilizando marcadores RAPD e ISSR. *J Crop Sci Biotechno* 17: 281-287.

Samarjeewa PK, Dassanayake MD e Jayawardena SDG. 1993. Propagação clonal de *Gloriosa superba* L. *Indian J Exp Biol* 31 (8): 719-720.

Sathyanarayana N, Bharathkumar TN, Vikas PB e Rajesha R. 2008. Propagação clonal *in vitro* de *Mucuna pruriens* var. *utilis* e sua avaliação da estabilidade genética através de marcadores RAPD. *African J Biotechno* 7(8): 973-980.

Savita Bhagat A, Pati PK, Virk GS e Nagpal A. 2012. Um protocolo de micropropagação eficiente para *Citrus jambhiri* Lush. e avaliação da fidelidade clonal empregando estudos anatómicos e marcadores RAPD. *In vitro Cell Dev Biol Plant* 48:512-20.

Senguttuvan J, Paulsamy S e Karthika K. 2014. Análise fitoquímica e avaliação de partes de folhas e raízes da erva medicinal, *Hypochaeris radicata* L. para atividades antioxidantes *in vitro*. *Asian Pac J Trop Biomed* 4(1): 359-367.

Senthilkumar M. 2013. Triagem fitoquímica de *Gloriosa superba* L. - de diferentes posições geográficas. *Int J of Sci and Res Pub* 3(1).

Shardha devi M e Annapoorani S. 2012 Constituintes fitoquímicos da semente, tubérculo e folhas de *Gloriosa superba. Res J Pharmac Biol Chem Sci* 3(3): 111-117.

Shardha devi M e Annapoorani S. 2013. Atividade antioxidante do extrato metanólico de Sementes, tubérculos e folhas de *Gloriosa superba. Int J Pharmac Res Devpt* 5(6): 102-108.

Sharma N. 2005. Micropropagação de *Bacopa monneiri* L. Penn - uma importante planta medicinal - Tese de Mestrado, Universidade Thapar, Patiala.

Shirin F, Kumar S e Mishra Y. 2000. Sistema de produção *in vitro* de plântulas de *Kaempferia galanga*, uma erva medicinal indiana rara. *Plant Cell Tiss Org Cult* 63: 193-197.

Singelton VL, Orthofer R e Laumela-Raventos RM. 1999. Análise de fenóis totais e outros substratos de oxidação e outros antioxidantes por meio do reagente de Folin-Ciocolteu. *Methods Enzymol* 299: 152-178.

Singh D, Mishra M e Yadav AS. 2013. *Gloriosa superba* Linn: Uma importante planta medicinal ameaçada de extinção e suas estratégias de conservação. *Int J de Botânica e Res* 3(1): 19-26.

Singh D, Mishra M e Yadav AS. 2015 Estudar o efeito dos reguladores de crescimento na micropropagação de *Gloriosa superba* L. a partir de sementes e sua aclimatação. *Res. Anual e Revisão em Bio* 7(2): 84-90.

Singh M, Chettri A, Pandey A, Sinha S, Singh KK e Badola KH. 2019. Propagação *in vitro* e avaliação fitoquímica de *Aconitum ferox* Wall: Uma planta medicinal ameaçada de Sikkim Himalaya. *Proc Natl Acad Sci India- Sect B: Biol Sci.*

Singh SR, Dalal S, Singh R, Dhawan AK e Kalia RK. 2013. Avaliação da fidelidade genética de plantas cultivadas invitro de *Dendrocalamus asper* (Schult. & Schult. F.) Backer ex K. Heyne usando marcadores baseados em DNA. *Ata Physiol Plant* 35: 419-30.

Singleton VL e Rossi JA. 1965. Colorimetria de fenólicos totais com reagentes de ácido fosfomolíbdico-fosfotúngstico. *Am J Enol Vitic* 16: 144-158.

Sivakumar G e Krishnamurthy KV. 2000. Micropropagação de *Gloriosa superba* L. e espécies ameaçadas da Ásia e África. *Current Sci* 78(1): 30-32.

Sivakumar G e Krishnamurthy KV. 2004. Respostas organogenéticas *in vitro* de *Gloriosa superba* L. *Russian J Plant Physiol* 51: 790-798.

Sivakumar G e Krishnamurthy KV.2002. *Gloriosa superba* L.- uma planta medicinal muito útil. Em V.K. Singh, J.N. Govil, S. Hashmi, G. Singh, eds, Recent Progress in Medicinal Plants, Vol. 7, Ethnomedicine and Pharmacognosy Part II: *Series Sci Tech Pub Texas USA* 7: 465- 82.

Sivakumar G, Krishnamurthy KV e Rajendran TD. 2003a. Produção *in vitro* de cormos em *Gloriosa superba* L., uma planta medicinal ayurvédica. *J Horticult Sci Biotechnol* 78: 450- 453.

Sivakumar G, Krishnamurthy KV e Rajendran TD. 2003b. Embrioidogénese e regeneração de plantas a partir de tecido foliar de *Gloriosa superba. Planta Med* 69: 479-481.

Sivakumar G, Krishnamurthy KV, Hao J e Paek KY. 2004. Produção de colchicina em calos de *Gloriosa superba* através da alimentação de precursores. *Chem Nat Compd* 40: 499-502.

Sokal RR e Sneath PHA. 1963. Principles of numerical taxonomy. *Freeman San Francisco.* 359

Somani VJ, John CK e Thengane RJ. 1989. Propagação *in vitro* e formação de cormos em *Gloriosa superha* L. *Indian I Exp Biol* 27 (6): 578-579.

Sreekumar S, Seeni S e Pushpangandan P. 2000. Micropropagação de *Hemidesmus indicus* para cultivo e produção de 2-hidroxi 4-metoxi benzaldeído. *Plant Cell Tiss Org Cult* 62: 211-218.

Sreevidya N e Mehrotra S. 2003. Método espetrofotométrico para a estimativa de alcalóides precipitável com o reagente de Dragendroff em materiais vegetais. *J AOAC Int* 86: 1124-1127.

Surveswaran S, Cai YZ, Xing J, Corke H e Sun M. 2010. Propriedades antioxidantes e principais fitoquímicos fenólicos de plantas medicinais indianas de *Asclepiadaceae* e *Periplocaceae*. *Nat Prod Res* 24: 206-221.

Talei D, Valdiani A, Abdullah MP e Hassan SA. 2012. Um método rápido e eficaz para a quebra de dormência e germinação de sementes de *Andrographis paniculata* Nees. *Maydica* 57: 98-105.

Thakur J, Dwivedi MD, Sourabh P, Unial PL e Pandey AK. 2016. Homogeneidade genética revelada usando marcadores SCoT, ISSR e RAPD em *Pittosporum eriocarpum* Royle- Uma planta medicinal endémica e ameaçada de extinção. *PLoS ONE* 11(7).

Thiyagarajan M e Venkatachalam P. 2010. Multiplicação clonal rápida através da proliferação *in vitro* de rebentos axilares de Glory Lily *Gloriosa superba* L., uma planta medicinal ameaçada de extinção. *In vitro Cellular and Devpt Bio* 46: 57-58.

Tiwari P, Kumar B, Kaur M, Kaur G e Kaur H. 2011. Revisão do rastreio fitoquímico e do processo de extração. *Internationale Pharmaceuticasciencia* 1(1): 25-30.

Uchimahali J, Jebamalal A, Duraikannu G e Thirumal S. 2019. Análise fitoquímica e avaliação da atividade antimicrobiana nos extratos de plantas inteiras de *Gloriosa superba*. *Asian J Pharm Clin Res* 12(6): 245-249.

Upadhyay R, Kashyap SP, Singh C, Tiwari KN, Singh K e Singh M. 2014. Avaliação de factores sobre o potencial de proliferação de rebentos de explantes nodais de *phyllanthus fraternus* e avaliação da fidelidade genética de plantas micropropagadas utilizando o marcador RAPD. *Biologia* 69(12): 1685-1692.

Velayutham P, Ranjithakumari BD e Baskaran P. 2006. Um sistema de regeneração *in vitro* eficiente para *Chichorium intybus* L.- uma planta medicinal importante. *J Agric Tech* 2: 287-298.

Venkatachalam L, Sreedhar RV e Bhagyalakshmi N. 2007. A micropropagação da bananeira utilizando níveis elevados de citocininas não implica quaisquer alterações genéticas, conforme revelado pelos marcadores RAPD e ISSR. *Plant Growth Reguls* 51: 193-205.

Venkatachalam P, Ezhili N e Thiyagarajan M. 2012. Multiplicação de rebentos *in vitro* de *Gloriosa superba* L. - Uma importante erva medicinal anticancerígena. *Conferência Internacional sobre Biotecnologia, Engenharia Biológica e de Biossistemas* (ICBBBE'2012) 18-19 de dezembro, Phuket (Tailândia).

Verma S, Yadav K e Singh N. 2011. Otimização dos protocolos de esterilização de superfície, regeneração e aclimatação de *Stevia rebaudiana Bertoni*. *American- European J of Envt and Agri Sci* 11: 221-227.

Williams JGK, Kubelik AR, Livak KJ, Rafalski JA e Tingey SV. 1990. O polimorfismo do ADN amplificado por iniciadores arbitrários é útil como marcadores genéticos. *Nucleic Acid Res* 18: 6531-6535.

Wink M, Franke R, Wetterauer B, Distl M, Windhovel J, Krohn O, Fuss E, Garden H, Mohagheghzadeh A, Wildi E e Ripplinger P. 2005. Sustainable bioproduction of phytochemicals by plant *in vitro* cultures: anticancer agents. *Plant Genet Res* 3: 90-100.

Yadav A, Kothari LS, Kachhwaha S e Joshi A. 2019. Propagação *in vitro* de Chia (*Salvia hispanica* L.) e avaliação da fidelidade genética usando DNA polimórfico amplificado aleatório e marcadores moleculares de repetição de sequência inter simples. *J Applied Bio Biotechno* 7(1): 42-47.

Yadav K e Singh N. 2010. Micropropagação de *Spilanthes acmella* Murr. - uma importante planta medicinal. *Nat Sci* 8: 5-11.

Yadav K e Singh N. 2011. Efeito da época de colheita de sementes e tratamentos de esterilização na germinação e propagação *in vitro* de *Albizia lebbeck* (L.) Benth. Analele ii⅀Universitădin Oradea. *Fascicula Biologie* 18: 151-156.

Yadav K e Singh N. 2012. Factores que influenciam a regeneração *in vitro* de plantas de alcaçuz (*Glycyrrhiza glabra* L.). *Iraninan J of Biotechno* 10: 161-167.

Yadav K, Aggarwal A e Singh N. 2012. Acções para a conservação *ex situ* de *Gloriosa superba* L. - uma planta ornamental e medicinal ameaçada de extinção. *J Crop Sci Biotech* 15: 297-303.

Yadav K, Aggarwal A e Singh N. 2013. Avaliação da fidelidade genética entre plantas micropropagadas de *Gloriosa superba* L. usando marcadores baseados em DNA - uma planta medicinal potencial. *Fitoterapia* 89: 265-270.

Yadav K, Aggarwal A e Singh N. 2015. Influência de fungos micorrízicos arbusculares (AMF) na aclimatação e aumento do crescimento de plantas micropropagadas, In: *Adv em Plant Physiol.* A. Hemantaranjan, Editoras Científicas, Jodhpur. 15: 495-512.

Yuan XF, Dai ZH, Wang XD e Zhao B. 2009. Avaliação da estabilidade genética em produtos de cultura de tecidos e plântulas de *Saussurea involucrate* por marcadores RAPD e ISSR. *Biotechnol Lett* 31: 1279-87.

Zeng SJ, Chen ZL, Wu KL, Zhang JX e Bai CK. 2011. Germinação de sementes assimbióticas, indução de calos e corpos semelhantes a protocórmios e desenvolvimento de mudas *in vitro* da orquídea chinesa *Nothodoritis zhejiangensis*, rara e ameaçada de extinção. *Hort Sci* 46: 460-465.

Zietjiewicz E, Rafaklski A e Labuda D. 1994. Genomic fingerprinting by simple sequence repeat (SSR) - anchored polymerase chain reaction amplification. *Genómica* 20: 176-183.

Printed by Books on Demand GmbH, Norderstedt / Germany